春　夏

街のきのこ散歩

秋　冬

大舘一夫

[監修]
長谷川 明
*
[きのこ画]
岡田宗男

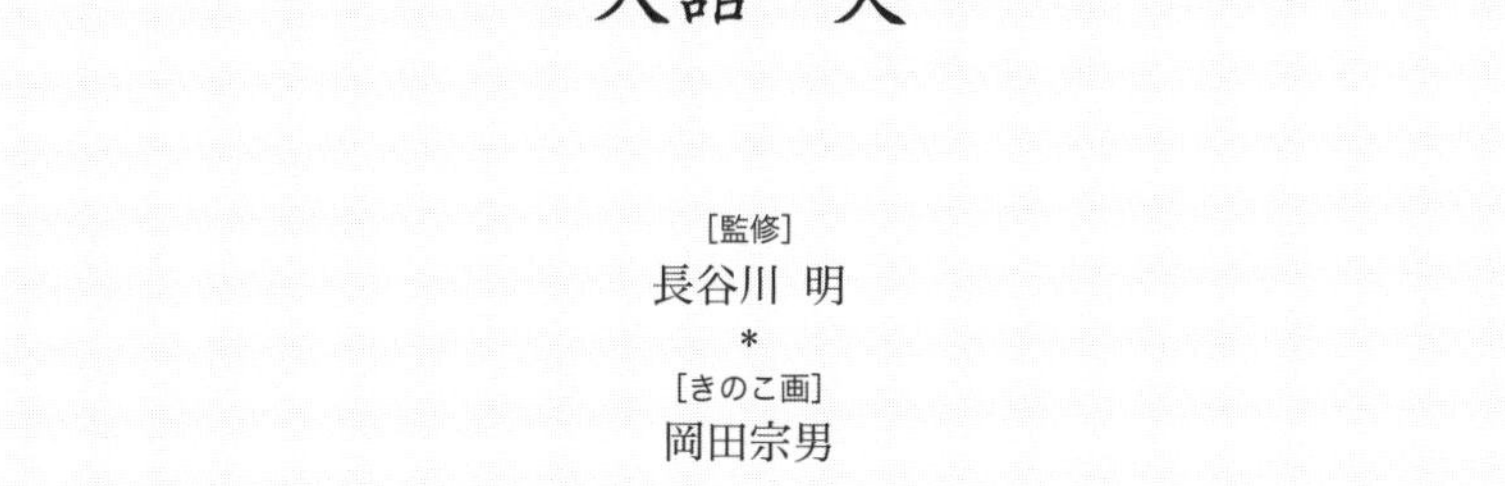

八坂書房

プロローグ　散歩の前に

最近ではスーパーや八百屋さんに、いつも十数種類のきのこが並んでいるので、さほど珍しいものではなくなったが、それでも散歩の折などに道端や街路樹から、ましてやご自分の庭にきのこが出ているのを見つければ、やはり驚かれるのではなかろうか。きのこにはどこか怪しげなところがあるようで、特にその現われかたが怪しい。思わぬところに突如現われたかと思うと、四、五日で跡形もなく消えてしまう。まさに神出鬼没である。どれも同じように見える単純な形もかえって怪しげだ。さらに、食べて美味しいのはいったいどうしたことか。まさにきのこは謎の生き物である。

その謎を解くキーワードが「花」である。私たちが日頃見たり食べたりしているきのこは、それ自体が個体ではなく、植物の花に相当する生殖器官なのだ。そして、植物の根・茎・葉に相当する本体は、細胞が一列に繋がっただけの単純な構造をした菌糸《きんし》で、もしきのこを作らなければ、それはカビと同じになる。同じ生殖器官だが、植物の花は種子を作り、きのこは胞子を作る。種子と胞子は異なるものだが、散布して繁殖するという働きは同じである。本体である菌糸は、地中や樹木中にあって養分を摂取し、ほとんどの生命活動を担っているが、その姿を現すことはない。唯一、きのこだけが地上や樹上に現われ、胞子を散布してしまえば、花のように萎《しぼ》んで消えてしまう。きのこの神出鬼没は、きのこが花であることにあったのだ。そこで本書では、花であるきのこ（子実体《しじったい》ともいう）をひらがなの「きのこ」で、本体である菌糸と花であるきのこで成り立つ個体をカタカナの「キノコ」で表示することにした。なお、キノコやカビのように菌糸を本体とする生き物を菌類という。

きのこは作った胞子を散布するのだが、その胞子が発芽して菌糸となり成長できる場所に着地させなければならない。風任せだけでは心もとない。最も効率的なのは動物や虫に運んでもらうことだ。彼らの体に乗って、さらには食べられて糞とともに排泄されれば、このうえない散布となる。そこできのこは、彼らに食べてもらおうと努力する。きのこの美味しいわけはここにある。どれも同じように見えるきのこだが、その多くは、傘と子実層托《しじつそうたく》（傘の裏面の胞子を作る部分）と柄でできている。きのこがこのように同じ構造をしているのは、きのこには、胞子をたくさん作って、それを効率よく散布するという共通の目的があるからだ。出会ったきのこの解説では、それら三つの部位の特徴を示すことになるが、そこで使われる用語には、あまり馴染みのないものもある。それらはできるだけ文中で説明するよう勤めるが、充分でない場合もあるので、巻末の用語解説に一括して掲載した。

野生のきのこを味わうことは、多くのかたが願う楽しみである。本書においても、きのこの食毒や食用きのこの食味について紹介するが、多くのきのこに出会える公園では、生物の採取が禁止されていることもある。ただ、キノコの楽しみは、食べることに止まらず、キノコを探す、出会う、見る、撮る、描く、調べるなど多様である。なかで、出会ったキノコを観察し、調べ、その種類を知ることは、キノコの楽しみを増し、キノコの世界を広げることになる。キノコの世界を広げるもうひとつの楽しみは、同好のかたたちとの集いにある。観察会や勉強会、その後の飲食を共にするアフターキノコなど、そこではさまざまな意見や情報の交換が行われる。そのような、キノコをともに楽しむ同好の友人を、たがいに菌友と呼んでいる。「街のきのこ散歩」におけるきのことの出会いの多くも、菌友たちの提供してくれた情報によるものであった。

きのこのシーズンは秋といわれることが多い。確かに、秋の野山には魅力的なきのこがたくさん発生する。しかし、植物の花が種類によって咲く時期が異なるように、きのこもまた種類によって発生する時期はまちまちで、きのこは季節を問わずいつでも発生している。また、キノコは自分では養分を作らないので、それを他の生き物から得ている。したがって、生き物がいれば、その近くにキノコが棲んでいる可能性がある。キノコは、自然豊かな野山にだけいるわけではなく、養分を得られる相手がいればどこにでもいる。街にもキノコは棲んでいる。すなわち、きのこはいつでもどこでも見つけることができるのだ。というわけで、いつでもどこにでも咲く、神出鬼没なキノコの花（＝きのこ）を求め、街のきのこ散歩に出かけることにしよう。

春夏秋冬【街のきのこ散歩】目次

春は神社へ初詣

ここを探そう▼▼
銀杏《イチヨウ》の樹下に積もった落ち葉

もう何年になるだろう。春のきのこ観察を由緒あるこの神社でスタートするようになって。それは晩秋の午後にかかった一本の電話で始まった。神社の境内にきのこがいっぱい出ているのを見つけたのだが、種名を知りたくて…、という。指定された代々木の神社に出向くと、年配のご婦人に迎えられ、案内された本殿の裏手には、大きな切り株をおおい尽くさんばかりのきのこが待っていた。これはナラタケというたいへん美味しいきのこだと伝えたところ、たいそう喜ばれ、きのこがお好きなようでいろいろとお話しされた。そのなかで、境内にある茶室の庭に、春になると変わったきのこが沢山出ると教えてくれた。詳しく訊ねたところ、どうもアミガサタケの仲間のようである。何度もお礼を言いながら、ご婦人は帰って行かれたが、私にしてみれば、まだお参りもしていないうちにご利益をもらった気分で、本殿には心からのお礼参りをして帰宅した。

さて、待ちに待った翌年三月、私にとってはその年の初詣でもあった。まずは本殿に参拝し、そそわと茶室の裏手に回りその庭を覗《のぞ》いて驚いた。頭部に網目のあるきのこが庭一面をおおっているで

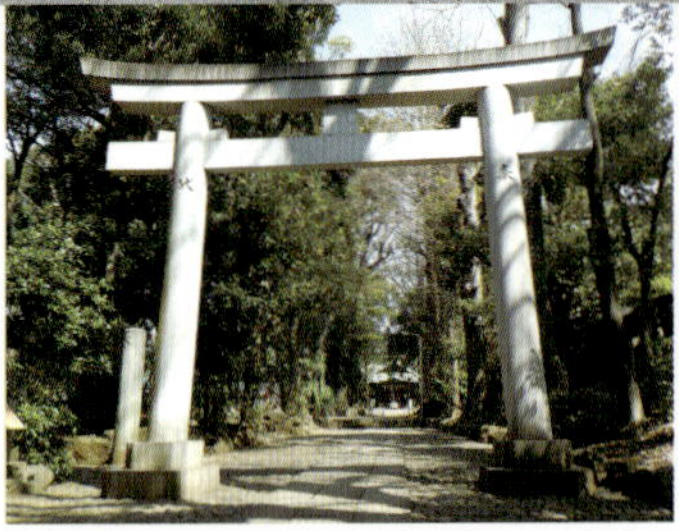

◎春のきのこ観察は都心の由緒あるこの神社からスタートする。境内にはきのこが発生する場所がいくつかあるが、なかでも茶室の裏庭は絶景！

見分けるポイント

［実際はトガリアミガサタケの 1.5 倍の大きさ］

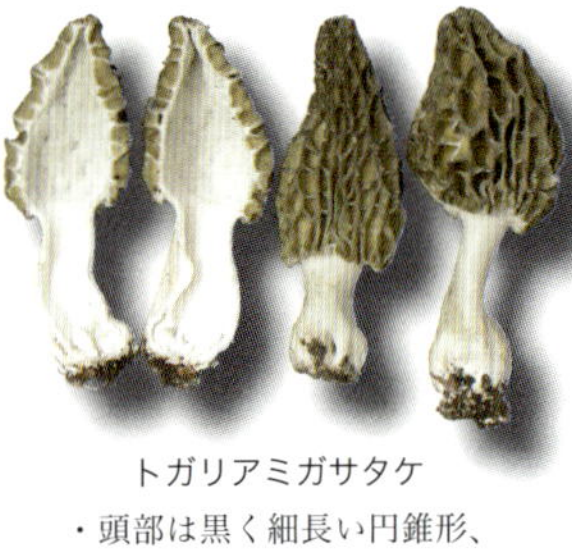

トガリアミガサタケ

- 頭部は黒く細長い円錐形、縦長の網目が並ぶ
- 柄の色は白く、表面の皺や粒点は少ない

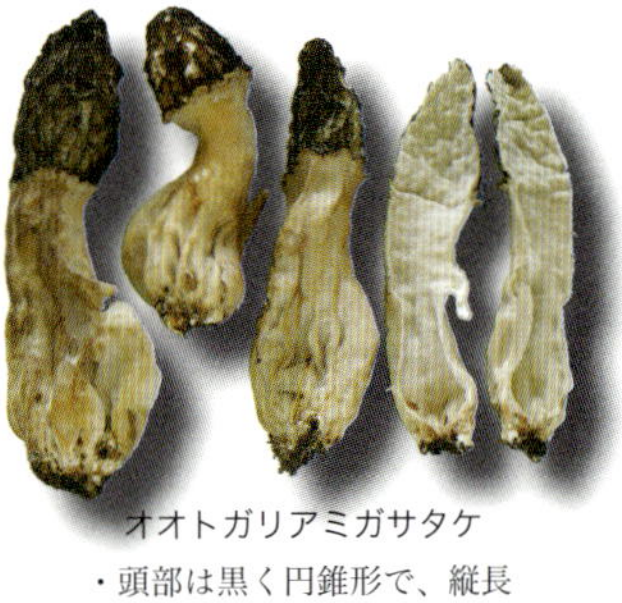

オオトガリアミガサタケ

- 頭部は黒く円錐形で、縦長の網目が並ぶ
- 柄は淡黄褐色で、表面に深い皺と多くの粒点がある

オオトガリアミガサタケ

トガリアミガサタケ

群生したトガリアミガサタケ

◎アミガサタケ属のキノコは、銀杏《イチョウ》の木の下に厚く積もった落ち葉を分解して、栄養源にしている

はないか！　すぐに庭に入る許可をもらいに社務所へ向かう。神社のかたもきのこの存在は知っていて、快く許可をくださるとともに、あれがどういうきのこなのかとおおいに興味も示された。庭に入り詳しく観察してみると、きのこの頭部は黒く円錐形で、縦長の網目が並び、柄は淡黄褐色で、表面には深い皺《しわ》と多くの粒点《りゅうてん》（粒状の鱗片）がある。きのこ全体が大型であることからもオオトガリアミガサタケのようだ。周りを見渡すと、大きな銀杏《イチョウ》の木が何本もそびえ、その下には落ち葉が厚く積もっている。まさにお誂えの舞台装置である。アミガサタケ属のキノコはこれらの落ち葉を分解して栄養源にしている。神社のかたにには、キノコがオオトガリアミガサタケで、その生きかたに加え、他のアミガサタケ属のきのこと同様、フランスやイタリアなど、ヨーロッパでは食材として珍重され、最近日本でも、パスタやきのこソースの具として使われるようになっていることなどを伝え、数本を採取させてもらい、上々の首尾で神社を後にした。そして一週間後、ある思いを胸に、私は再び参詣することになった。それは、オオトガリアミガサタケは比較的珍しい種で、この環境を棲みかにするのは、多くの場合トガリアミガサタケであることに思い至ったからだ。そそくさとお参りをすませ件の茶室の庭へ。予想はあやまたず、先週のオオトガリアミガサタケと入れ替わるように、トガリアミガサタケが大挙して出迎えてくれた。柳ならぬ銀杏の下に二匹目の泥鰌《ドジョウ》はいたのである。

かくして、今日また茶室の庭一面に出たオオトガリアミガサタケとの再会を果たし、春の初詣でキノコ観察をスタートする。

お花見は下を向いて

ここを探そう▼
桜の下の躑躅《ツツジ》の植え込み

桜が見頃と聞いて、菌友たちと集《つど》い郊外の桜の名所を訪れた。駅に降り立つと、遊歩道はすでに花見客で賑わっていた。アミガサタケ探しの第二幕は、桜の下の躑躅《ツツジ》の植え込みへと舞台が変わる。さっそくきのこ探しにかかる。ほどなく、ひとりから歓声があがる。植え込みを覗くと、アミガサタケが行列している。アミガサタケ属のきのこには、トガリアミガサタケのように頭部が黒い系統と、アミガサタケのように黄色い系統がある。黄色系には、他にアシブトアミガサタケなど数種があり、黒系よりやや遅れて発生する。

まずは撮影、それぞれが好みのアングルで撮っていくが、順番を待つ間にさらなる歓声があがる。次々と見つかるなかには遅咲きの黒系もある。一方、ギャラリーの数も増えていく。満開の桜並木で、ひたすら植え込みの中を探し歩く一団は、誰の目にも異様に映る。何をしているのか、何というきのこか、食

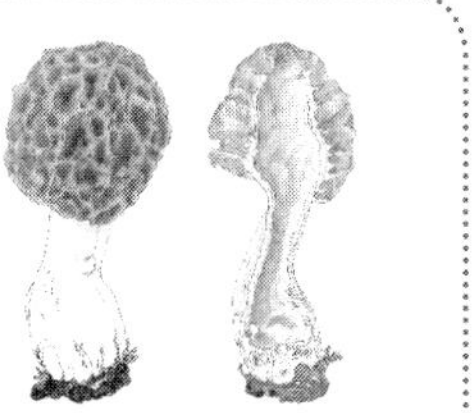

アミガサタケ

- 頭部の網目の窪みを子のう盤といい、ここで胞子が作られ、きのこ全体が中空
- その名は、頭部が菅や藁で作った編み笠に似ることによる

アミガサタケ

・頭部は黄色で卵形、網目は多角形
・柄は白く、下方に太くなる

アシブトアミガサタケ

・大型（アミガサタケの1.5倍）で、頭部は黄色で卵形または円錐形、網目が大きく多角形
・柄は白く、基部が球根状に膨む

べられるのか、写真を撮ってどうするのか…、彼らの質問は多岐にわたる。なかには、こちらに参入する者も出てくる。というわけで、お花見会場はいつしかきのこ探しのイベント会場と化してしまった。イベントは隣の駅まで続き、駅前の食堂でアフターキノコを楽しみ、お花見を堪能した一日は終わった。

花見の一日というが、花は見なかったじゃないかというご指摘もあろうかと思う。私たちはちゃんと花を見ていたのだ。きのこはキノコの花なのだから。

熱帯のキノコ発見!!

ここを探そう▼▼
タブノキの古木、倒木、切り株

お花見が一段落すると、潮風が心地よい海岸近くの公園へ向かうことになる。東京湾につながるかつての庭園には鬱蒼《うっそう》と葉を茂らせるタブノキの大木群がある。二十数年前、ここに川鵜《カワウ》の大群が棲みつき、その糞や造巣により多量のタブノキが枯れ、それらを処分したあとには、倒木や切り株が今も多く残っている。公園側にとっては苦い思い出の残骸であろうが、私たちにはまことにありがたい贈り物である。

この時期、タブノキの倒木や切り株、さらには樹齢を重ねた大木の幹にきのこを探す。目指すのはマユハキタケ（眉刷茸）である。径が1cmほどで、見つける

タブノキの古木とマユハキタケ

にはなかなか苦労がいるが、それだけに出会えたときの歓びは格別である。「眉刷《まゆは》きを俤《おもかげ》にして紅粉《べに》の花」と芭蕉の句にも詠まれた「眉刷き」とは、最近ではあまり見なくなったが、化粧の際、眉に付いた余分な白粉《おしろい》を払う小さな筆のことで、その姿には紅花《ベニバナ》を思わせるものがある。通常のきのこのイメージとはかけ離れた姿のこのきのこに、眉刷茸の名を付した命名者の想像力には感心する。幼菌は団栗《どんぐり》のような形だが、やがておおっていた被膜が剥がれ、紫色の穂先と基部が伸長して筆状になる。胞子は穂の部分で作られ、やがて穂全体から散布される。

　夏が近づくに従い、タブノキの倒木や切り株には、それらを分解して養分にする、多くの腐生《ふせい》菌が発生してくるので、マユハキタケ探しの後も観察が続く。十年ほど前になるが、梅雨が始まる頃、菌友から、件《くだん》の公園のタブノキの倒木に妙なきのこが出ているという電話が来た。その形状の説明から、ひょっとしてアミヒカリタケではないかと直感し、写真を撮って、詳しい発生場所とともに送るよう頼み、さらにきのこをそのままにしておくことを付け加えた。その夜届いた画像はまさに予想通り、アミヒカリタケそのものであった。翌日、私の姿がその公園にあっ

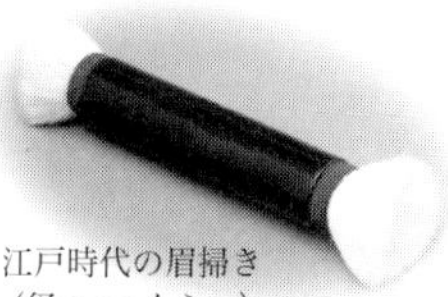

江戸時代の眉掃き
（径 2 cm くらい）

紅花

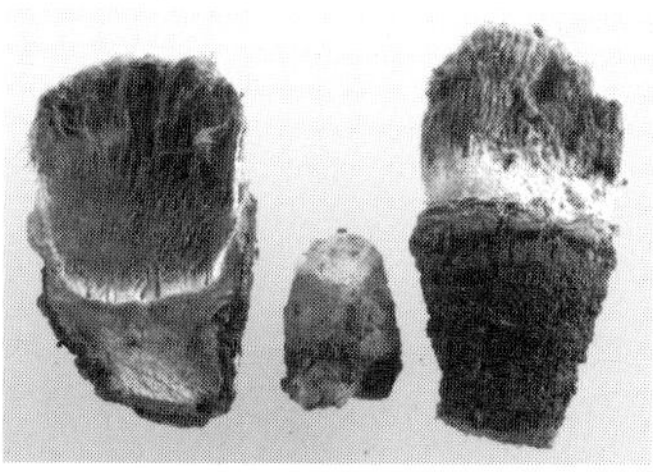

マユハキタケ
毛状の部分で胞子が作られる。中央はどんぐり形の幼菌（発生して間がないきのこ）

たことは言うまでもない。アミヒカリタケ（網光茸）は白い小さなきのこで、傘の形は円錐形で径は２cmほど、柄は細長く中空（空洞）で、傘の裏の子《し》実層托《じっそうたく》（胞子を作る部位）が、同じグループのほとんどでヒダ（刃形）なのに対し管孔（管状）になっている。網光茸の名は傘の裏面が網目状で、発光性があることによる。熱帯から亜熱帯に生育する南方系のキノコで、当時は沖縄と紀伊半島だけで発生が確認されていたが、東京でのこの発見は、その範囲を一気に関東地方にまで広げることになった。

　春に探すマユハキタケもまた南方系のキノコで、都心の公園に多く見られるシイ、カシ、タブなどの照葉樹林には南方系のキノコが棲んでいる。アミヒカリタケとの出会いを契機に、南方系に着目して都区内で観察を始めたところ、これまでに54種を確認することができた。このなかには、本書にも取り上げたルリハツタケ（65頁参照）やオオシロカラカサタケ（87頁参照）など、アミヒカリタケと同様、これまで都区内ではほとんど見ることのなかった24種も含まれている。都市の温暖化が進むなか、今後もその数が増すことが予想され、南方系のキノコの観察は現在も継続中である。

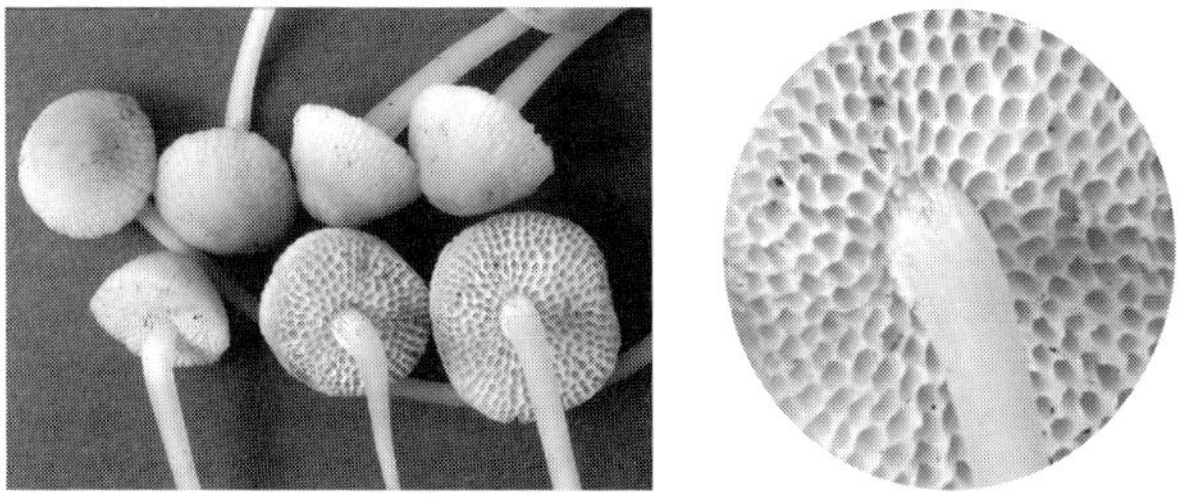

アミヒカリタケ
円錐形の傘の裏面は、子実層托が管孔で網目状になっている

◎海岸近くの公園で鬱蒼と葉を茂らせるタブノキ。クスノキの仲間の常緑高木で、高さ20m径1mほどになる

タブノキの倒木に束生（複数のきのこが基部を密着させて発生）したアミヒカリタケ

タブノキの倒木にに群生したマユハキタケ

梅はまだかいな

ここを探そう▼
梅林の林床

「梅は咲いたか桜はまだかいな」と、唄の文句にもあるように、梅の次は桜というのが春の楽しみかたの順序だが、キノコではそれが逆になる。桜の下のアミガサタケ探しが終わると、梅林通いが始まる。実がついた梅の木の下できのこを探していると、梅の実採りと間違われ、梅林の所有者に咎《とが》められることもある。理由《わけ》を話せばたいていは採取を許可してくれるが、私たちとしては、梅の実よりこのきのこのほうにずっと価値を感じている。

きのこの名はハルシメジ（春占地）で、シメジモドキ（占地擬）の別名もあるが、ハルシメジのほうが響きがよい。きのこの名には擬《もどき》の付くものが多いが、これは、きのこには似たものが多

梅林に発生したウメハルシメジ

く、後から見つかったものにモドキをつけるようで、形状をイメージするには便利なこともあるが、どうも偽者くさい感じがするのは否めない。また、占地《しめじ》は地を占めるように発生する意だが、樹上に出るものにも付けられている。傘は円錐形から開いて中高平らとなり、灰褐色で絹糸状の光沢がある。ヒダはやや疎で、白から肉色に変わるが、これは胞子の色が成熟とともに変化することによる。柄は太く基部が膨らみ、色は傘と同様。このきのこ、食べてみるとその価値が分かる。煮てよし、炒めてよし、マリネにすると長く楽しめる。早起きをして目指す梅林へ向かい、ハルシメジを採取し、帰りにスーパーで豚肉と野菜を仕入れて家に着くと昼時分。さっそく焼きそば作りにかかる。味といい歯ざわりといい、豚肉やキャベツとの相性が実によい。ビールとともにハルシメジを堪能し、朝早かった分を夕方までの昼寝で補うのが、ゴールデンウイークの過ごしかたになっている。

　ハルシメジは梅の木の下に発生するきのこだが、同じバラ科の梨や林檎、桜などの木の下にも出る。また、梅の下に出るハルシメジが終わる頃、欅《ケヤキ》の下に見ることもある。そこで、梅の下に出るハルシメジをウメハルシメジとし、他のハルシメジもそれぞれの木の名前を頭に付け、サクラハルシ

◎キノコの名前

　キノコの学名は国際命名規約に則って命名するため唯一のものだが、和名には命名規約がなく善し悪しはともかく命名は自由である。そのためひとつの種に複数の和名が付いていることも少なからずある。また、日本語の学名と考えられがちな標準和名も慣習的に広く使われている和名に過ぎない。

ウメハルシメジ

メジ、ケヤキハルシメジなどと呼ぶことにしている。きのこの形状ではウメハルシメジが最も大型で、肉質もしっかりしていて食味も優れている。

ハルシメジを探していると、傘が釣鐘形をした小型のきのこが見つかる。ウメウスフジフウセンタケで、ハルシメジと同様、梅の木を取り巻くように発生する。幼菌は淡い藤色で、次第に黄褐色になる。ヒダは薄い藤色から次第に褐色に変わるが、これも胞子の色の変化によるものである。柄には蜘蛛の巣状のツバがあり、これは胞子の色とともに、本種が属するフウセンタケ属の特徴になっている。姿は可愛いきのこだが、不快な臭いがあり、食用には適さない。

梅の実泥棒と思って咎めたところ、梅の木の下に出たきのこを探していたことが分かり、疑ったことの後ろめたさからか、採取を許可してくれた梅林の所有者も、最近ではハルシメジの味を覚えたようで、あまりいい顔をしてくれなくなったのはどうしたものか。

欅《ケヤキ》の樹下に発生した
ケヤキハルシメジ

ウメウスフジフウセンタケ

幼菌の傘は釣鐘形で淡藤色（上）
だが、次第に黄褐色になる（下）

ウメハルシメジ

上＝傘は中高（中央が突出している）
下＝ヒダはやや疎（ヒダどうしの間隔が広い）で、胞子の成熟とともに肉色になる

古木の洞《ほら》から肝臓が

ハルシメジを求めての梅林通いが一段落すると、寺社や公園のスダジイ巡りが始まる。高地を除く東北地方南部以西は、遠くヒマラヤの南麓に端を発する照葉樹林帯の一部で、かつてはシイ・カシ・タブなどの森で占められていたが、現在自然林として残っているのはごく僅かである。東京には、自然林ではないが明治神宮の森をはじめ多くの寺社に、また、かつての大名屋敷址の公園に、小規模ながら照葉樹林が存在する。スダジイは都内の公園には必ずといえるほどにあり、しかも古木・大木が多い。その樹幹に、この時期ちょっと魅力的なきのこが発生する。

スダジイの古木の洞から
姿を現したカンゾウタケ

ここを探そう▼
スダジイの古木

スダジイを棲みかにしたキノコの菌糸は、樹幹内部の組織を餌にして繁殖し、時には洞《ほら》を作ることがある。その洞から奇妙な姿を現すのがカンゾウタケ（肝臓茸）だ。赤い大型のきのこで、その形状は肝臓そのものである。肉は柔らかく、切断すると赤い液が滲《にじ》み、断面は刺しの入った牛肉のようで、厚めにスライスしてソテーすれば、その姿はＡ５ランクのステーキだが、やや酸味のあるその味はステーキには程遠い。

カンゾウタケは、スダジイの根方に出ることが多いが、時に目の高さの洞から現れることもあり、その奇異な姿が道行く人を驚かすことになる。かつての照葉樹林に住んだ古代の人たちは、カンゾウタケの姿をどう見たであろう。

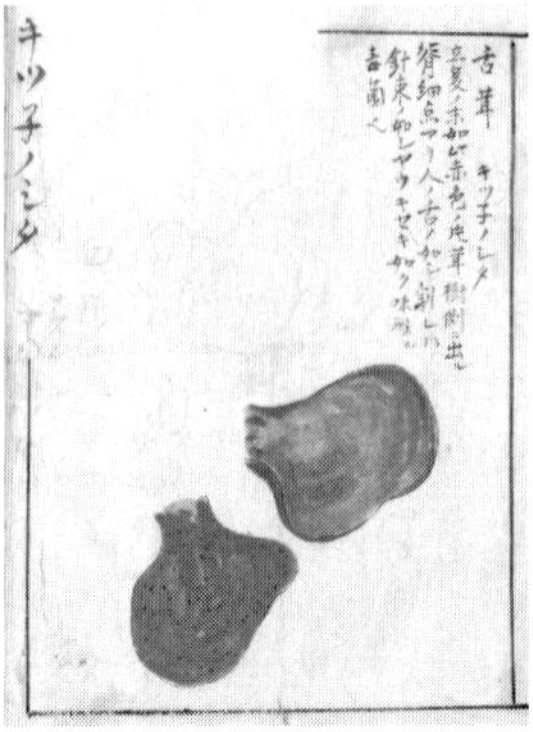

◎カンゾウタケは、江戸時代には「舌茸」「キツネノシタ」などと呼ばれていた。毒キノコと書いてある（江戸末期の『雀巣庵菌譜《じゃくそうあんきんぷ》』を転写した伊藤圭介編『錦窠《きんよう》菌譜』より）

スダジイの根方から出たカンゾウタケ

切断面は霜降り肉のよう

ソメイヨシノの悲劇

ここを探そう▼▼
ソメイヨシノの古木の樹幹

桜には八百ほどの種類があるそうだが、日本全国にある桜の八割がソメイヨシノだという。人気を独り占めにしている理由も、満開の見事な姿を見れば納得である。そのソメイヨシノが日本中で立ち枯れの危機に瀕しているという。戦後すぐに植えられたものが多く、六十年以上経っているので寿命であるともいわれるが、手入れ不足や環境悪化のせいだともいう。真の原因ははっきりしないが、樹勢が一様に弱っているのは事実である。春爛漫の象徴ソメイヨシノの消失という悲劇が今始まろうとしている。

ソメイヨシノの古木には、幹が空洞になっているものが多く見られる。実はその多くがキノコの仕業なのである。木の幹で生きている組織は表面付近のみで、その内側の大部分は死んだ細胞でできている。樹木は光を多く受けられるよう高く伸びて枝を張る。そのための幹の強度を保つために死んだ細胞を利用しているのだ。したがって、中身がなくなっても木が枯れることはないが、強風や衝撃を受ければひとたまりもない。木に侵入したキノコの菌糸は幹の内側の死んだ細胞を餌にして繁殖する。キノコは本来攻撃的な生き物ではないので、生きている細胞を攻撃することはあまりしないが、樹勢

◎このソメイヨシノは花は満開だが、樹幹は腐朽している。このような状態の木には、サルノコシカケ類のキノコが棲みついている

ベッコウタケ
根方に出た幼菌（左）と径30cm に成長した成菌（右）

カワウソタケ
傘の表面が黄色い粗毛（粗い毛状の鱗片）でおおわれた幼菌（左）と樹幹に重生（多数が重なるように発生）した成菌（右）

オオミノコフキタケ
樹幹に出た幼菌（左）と胞子でココア色になった成菌（右）

が弱ってくれば生きた細胞にも侵食を始め、木の樹勢を衰えさせる。

春には、桜に棲みついたサルノコシカケ類のキノコの幼菌が次々と発生する。菌糸が侵入する場所には根と幹の二箇所があり、根から侵入するものを根株腐朽菌《こんしゅふきゅうきん》、幹から侵入するものを樹幹腐朽菌《じゅかんふきゅうきん》といい、きのこもその辺りから発生することが多い。桜の根方に現われる黄色い塊《かたまり》が、根株腐朽菌のベッコウタケ（鼈甲茸）の幼菌で、黄色い塊は平らに広がり、やがて表面が光沢のある鼈甲色の大きなきのこになる。樹幹腐朽菌のオオミノコフキタケ（大実粉吹茸）の幼菌が、白い塊で樹幹に姿を現す。幼菌は厚みと広がりを増して、傘の色が灰色のきのこに成長する。傘の裏面で作る胞子はココア色で、それを自らの傘の上に積もらせるという奇妙な性質があり、名の粉吹はこの性質を示している。カワウソタケ（川獺茸）も樹幹腐朽菌で、樹幹に数十個が重生する。傘の径が5cm以下と、サルノコシカケ類としては小さなきのこである。幼菌の傘の表面は黄色い粗毛でおおわれ、名の川獺《カワウソ》はこの毛によるものである。傘の裏の子実層托は前二種と同じ管孔である。

ひとつはっきりしているのは、ソメイヨシノがクローンだという事実である。その起源には諸説あるが江戸末期から明治初期とされている。しかし結実しにくいため、その後は接木《つぎき》で種が受け継がれてきた。生物は有性生殖により遺伝子構成を多様化し、環境変化に適応し命を繋いできたが、ソメイヨシノの遺伝子構成は百年余り固定されたままということになる。そこに危機の原因があるとすれば、悲劇はソメイヨシノが存在する限り続き、さらに深刻さを増すことになろう。

街のキノコ事始め

ここを探そう▼▼
植え込みや路傍を覗く

雨があがったので散歩に出ようとしているところへ、近所にいる当時四歳の姪がひとりでやってきた。スキップができるようになったので見せてくれるという。それなら公園へ行こうということになった。遊歩道でスキップの披露が始まった。少々おぼつかない足取りではあったが、それでもなんとか10mほど行ったところで彼女の足が止まった。何かを見つけたようで、さかんに植え込みの中を覗いている。やがて「きのこ、きのこ」という昂奮した彼女の声。近づいて中を見て驚いた。そこには何十というハタケシメジが群生しているではないか。互いに重なり合う大型の傘は、雨に濡れてその輝きを増している。しかもフレッシュで、まさに食べごろのきのこたちである。梅雨時分のできごとであった。

このハタケシメジとの遭遇以来、しばしば公園を訪れることになった。植え込みを探してみると、イタチタケ、ムジナタケ、キイロツチスギタケなど、落ち葉や地中の材から養分を得る腐生《ふせい》菌が次々と見つかり、たちまち十数種類のきのこに出会うことができた。草地、樹下、切り株などに探す範囲を広げてみると、さらに多くのきのこが見つかった。そこで菌友たちに呼びかけ、それぞれの近くに

◎どこにでもありそうな公園の植え込みに、さまざまな腐生菌のきのこたちが顔を出す

ハタケシメジ
梅雨時と秋に、ごく身近なところに発生する美味しい街のきのこ。傘は丸山形で、ヒダは極めて密（ヒダどうしの間隔が狭い）

ハタケシメジ

キイロツチスギタケ
表面をおおうささくれ状の鱗片が杉の葉や木肌のよう。植え込みや腐植の多い地に発生する

ムジナタケ
植え込みや腐植の多い地に発生。傘と柄の表面は繊維状の鱗片（表皮細胞が変形したもの）でおおわれる

イタチタケ
傘の縁には幼時ヒダをおおっていた内被膜の残片がついている(右)。切り株の周辺に群生（多数が近接して発生）

ある公園で探してもらったところ、街には想像を越す多様なキノコが棲んでいることを知ることとなった。街のキノコ観察の始まりであった。

ハタケシメジ（畑占地）は、植え込みや路傍、畑地、時には民家の庭など、ごく身近なところに発生し、地下に埋もれた材や切り株の根などを棲みかにしている。傘は丸山形で灰褐色。ヒダは幅狭く極めて密で、色は白い。柄は太く中実（肉が詰まっている）で、色は白い。旨みがあって歯切れがよく、街で見つかる美味しいきのこのひとつである。イタチタケ（鼬茸）は、植え込みや切り株の周辺、時には切り株上に発生する。傘は円錐形で縁に白い内被膜の残片が付くことが多く、淡黄褐色で、名の鼬はその色による。ヒダは幅狭く密で、白から紫黒色になるが、これは胞子の色の変化によるものである。柄は細長く中空（肉が空洞）で、色は白い。同じナヨタケ属のムジナタケ（狢茸）も植え込みなどに出るきのこで、形はイタチタケに似るが、傘と柄は暗褐色の繊維状鱗片でおおわれ、名の狢《むじな》はその鱗片が獣の毛のように見えることによる。キイロツチスギタケ（黄色土杉茸）も、植え込みや腐植地に出るきのこで、傘、柄ともに黄色い地肌をささくれ状の鱗片がおおい、名の杉はこの鱗片が杉の葉または木肌に似ることによる。ヒダは幅狭く密で黄褐色。最近まで樹上生のスギタケと同種とされていたが、最近別種とされるようになった。

四歳の子の発見で始まった街のキノコ観察は、その後二十数年に及び、現在までにその数は、都区内だけで四百種を超え、今後さらに増えることが予想されている。

変幻自在

ここを探そう▼▼
広葉樹の樹幹、切り株、松の樹下

動物は攻撃することを、植物は守ることを、その生き残り戦略として進化したという。それでは、キノコは何を戦略として命を繋いできたのか。そのヒントを与えてくれるのが、初夏のこの時期、広葉樹の古木の樹幹や倒木、切り株などにその姿を現すヒラフスベ、ニクウチワタケ、そして、きのこがきのこから発生するヤグラタケたちである。

黄色い瘤《こぶ》のような姿で樹幹に現れるのがヒラフスベ（平贅）である。やがて表面が黒ずみ、形が崩れて粉が飛散するようになる。名の贅《ふすべ》は瘤の古称である。飛散する粉は分生子《ぶんせいし》という無性胞子で、きのこの細胞が分離しそのまま胞子になったものだ。やがてきのこ全体が分生子の塊《かたまり》になり崩壊して飛散する。また、平らに広がり半円形になるアイカワタケ（間皮茸）というきのこがあり、ヒラフスベと同じ樹幹に出ることもある。名の間皮《あいかわ》は、樹皮と材部の間にキノコが作る白い鞣革《なめしがわ》状の菌糸の厚い層で、かつては厚紙や皮革のように使われていた。これまで両者は別種とされてきたが、ヒラフスベが無性生殖による分生子を、アイカワタケが有性生殖による有性胞子を作る、同種で形状の異なるきのこであることが分かった。したがって、通常ヒラフスベには有性胞子を作る管孔《かんこう》がなく、アイカワタケには具わっているのだが、なかにはその中間的なものがあり、肉が分生子になった傘の下に管孔のあるものが見つかることもある。

同じきのこで分生子と有性胞子を作ることを常とするものもある。ニクウチワタケ（肉団扇茸）の幼菌は、表面に迷路状の子実層托がある塊《かたまり》状で、さらに赤い液滴を分泌するという、奇妙な姿で広葉樹の切り株やその近くの地上に現われる。やがて肉厚で団扇《うちわ》形の傘が重なるように張り出し葉牡丹状になる。傘の表面で分生子を作り、裏面で有性胞子を作る。

ヤグラタケ（櫓茸）は、傘の径２cmほど

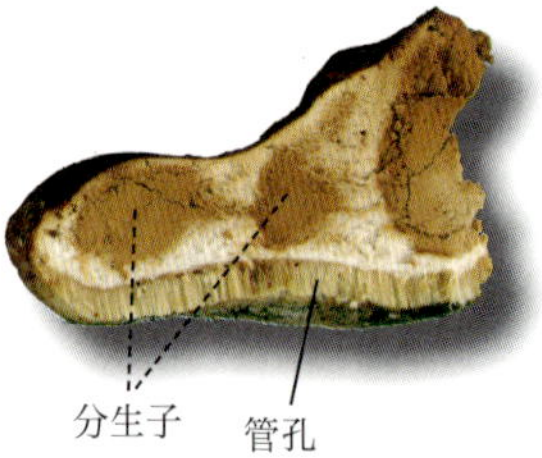

◀◀ヒラフスベとアイカワタケの中間形の断面
傘の肉が分生子になり、傘の下面には有性胞子を作る管孔がある

ヒラフスベ
瘤《こぶ》の姿で現れるが、やがて分生子（無性胞子）の塊となり崩れて飛散する

アイカワタケ
ヒラフスベと同じ種でありながら、管孔で有性胞子を作る

ニクウチワタケ

傘の表面で分生子を、裏面の子実層托で有性胞子を作る。上＝奇妙な姿で現れる幼菌。子実層托は迷路状

ヤグラタケ

クロハツを櫓《やぐら》にして発生したヤグラタケ。傘の淡褐色の部分が分生子

の小さなきのこだが、傘で分生子を作りヒダで有性胞子を作る。本種は、他のきのこに取り付き、自らのきのこを作る菌生《きんせい》菌の一種で、松やブナ科の樹下に発生するクロハツ（68頁参照）の上に出ることが多い。発生したきのこに侵入して菌糸を繁殖させ、自らのきのこを作って分生子と有性胞子を作る。それをホスト（宿主）のきのこが萎《しお》れるまでのわずかな時間ですべて済ますという早業をやってのける。

　きのこの細胞が分離し、それがそのまま胞子になる分生子に対し、多くのきのこが作る有性胞子は複雑な過程を経て作られ、時間と手間とコストがかかる。増殖という観点からは、分生子は実に簡便で有効な手段である。ただ、分生子はクローンである。キノコによらず生物は、有性生殖により遺伝子構成を多様化し、環境変化に適応し進化してきた。そのなかでこれらのキノコは、増殖には簡便な分生子を、遺伝子の多様化にはコストをかけて有性胞子を、時には別々のきのこで、時には同じきのこで作り、生殖の手段を使い分けて命を繋ぐ。この変幻自在こそがキノコの生き残り戦略なのだろう。

クロハツの上に群生したヤグラタケ

◎ヤグラタケの珍しい姿は江戸時代にも描かれていた（坂本浩然『菌譜』〔天保六・一八三五年刊〕より）

森の大家《おおや》さん

ここを探そう▼
雨上がりの落ち葉の中

動物は不要になったものはその都度排泄するが、植物はそれを葉に蓄え、落ち葉という形で排泄する。いわば動物は水洗式、植物は汲み取り式ということになる。しかし、落ち葉が林床に放置されたままでは、森は塵《ごみ》だらけになってしまう。それを分解して森を掃除するのが、腐生《ふせい》菌の一種で落ち葉分解菌と呼ばれるキノコたちである。彼らはボランティアで森を掃除しているのではない。それが栄養法であり生き方なのだ。落ち葉を分解すると炭酸ガスと水と多様な無機物になる。それらを原料にして植物が光合成で有機物を生産し、すべての生き物に提供する。生き物の世界は、このリサイクルシステム（物質循環）によって維持されている。

ハナオチバタケ（花落葉茸）は小さな傘に針金のように細長い柄を持った可愛いきのこだ。傘はピンク、紫紅色、明褐色などで、その名のように美しく、表面には放射状の溝がある。ヒダは幅広くかなり疎である。雨上がりに、公園の植え込みなど、落ち葉が積もっている場所を覗くと、たくさんの綺麗な傘が並んでいる。ただ、翌日再びそこを訪れても、そこには萎《しお》れて小さくしぼんだ塊が柄の先に

傘の径 2cm ほどの可憐なハナオチバタケ

オオホウライタケのヒダは幅広く、間隔が広い（疎)。左＝幼菌

森の枯葉に出るモリノカレバタケ

油を塗ったような光沢を持つエセオリミキ

ヒダの疎密が対照的なハナオチバタケ（左）とモリノカレバタケ（右）

エセオリミキのヒダは幅広く間隔が狭い（密）

ついている姿しかない。このきのこの美しい姿を見るにはチャンスが限られている。同じホウライタケ属で、やや大きめのオオホウライタケ（大蓬莱茸）もやはり落ち葉から発生するきのこだ。傘の形は円錐形で、名の蓬莱は形が中国の蓬莱山に似ることによるといい、色は淡黄色、表面には放射状の溝がある。細長い、傘と同色の柄を持つが、ハナオチバタケは中実だがオオホウライタケは中空である。ヒダが幅広く疎であるところは同じである。

モリノカレバタケ（森枯葉茸）も落ち葉の中から姿を現す小さいきのこで、傘は丸山形から開いて平らになり、色は淡褐色や類白色である。ヒダは幅狭く密で、色は白い。柄は細長く中空で傘と同色、基部が白い菌糸でおおわれる。食用とされているが、時に消化器系の中毒を起こすことがあるようだ。近縁のエセオリミキ（似非折幹）も落ち葉分解菌だ。モリノカレバタケよりやや大きめで、傘は円錐形から開いて平らになり、黄褐色または赤褐色である。ヒダは前種同様密で白い。柄は下方に太くなり中空で、傘と同色である。きのこ全体が、湿ったときに油を塗ったような光沢を持つので、欧米ではバターキャップとよばれている。一方和名は、似非《えせ》が偽《にせ》、折幹《おりみき》（柄が折れる意）はナラタケの別名で、偽のナラタケということになる。食用になるが、柄は硬いので傘だけを利用する。

古い川柳に「店中《たなじゅう》の尻で大家は餅を搗《つ》き」とあるが、かつて糞尿は農家にとって貴重な肥料で、長屋衆のそれは大家さんに所有権があり、重要な収入源であった。落ち葉を分解して養分を得、生じた物質を植物に提供する落ち葉分解菌は、さしずめ森の大家さんというところか。

憧れの君

ここを探そう▼
竹林や笹の林床

いつかは出会いたいと願っている憧れのきのこというものがある。採って食べたいというのであればマツタケということになろうが、観て楽しむとなると人それぞれで、これひとつということにはならないが、なかでキヌガサタケ（衣笠茸）をあげる向きは多いのではなかろうか。

寺社や公園できのこを探す時、竹林には特に目を凝らす。それは、キヌガサタケが竹林に発生するという情報を多く聞くからだ。しかし、なかなか出会うことは叶わなかった。五年ほど前の梅雨時、早朝の都心の公園できのこを探していた時のこと。コナラとクヌギの雑木林の小径を巡っていると、ふと白い物が目に入った。ビニール袋でも落ちているのかと近寄ってみると、なんとキヌガサタケではないか。朝露を含んだ白いレースのマントを纏《まと》ったその姿は、まさにきのこの女王に相応しい気品を備えていた。長年の願いが叶った瞬間であった。少し冷静になったところで、そこが竹林でないことを思い出した。

キヌガサタケの名は、古《いにしえ》の貴人に差しかけた衣笠《きぬがさ》に由来する。

東根笹の林床に出たキヌガサタケ。
手前にはすでにおやすみの君も

雑木林にも棲んでいるのかと、あたりを見回したところ、林床をおおっているのが東根笹《アズマネザサ》であることに気付いた。孟宗竹《モウソウチク》や真竹《マダケ》でなくとも、竹の仲間なら何でもよいようである。

それから二時間ほど公園内の観察をし、お別れの挨拶をと雑木林に立ち寄ったところ、女王様はすでにおやすみになっておられた。

キヌガサタケの卵を採取し、植木鉢に入れて観察してみた。マントが開いたのは 19 時間後であった

カブトムシを育てる

　寺社や公園などには、掃き集めた落ち葉を集積する落ち葉溜めがあり、厚く積まれた落ち葉の中から多様なきのこが姿を現し、時にはお花畑のようにその表面をおおうことがある。世田谷区のある公園では、ボランティアのかたたちがこの落ち葉溜めでカブトムシを飼育している。

　淡紫色の傘が落ち葉をおおうように群生するのがコムラサキシメジ（小紫占地）である。傘だけでなくきのこ全体が透明感のある淡紫色で、傘は丸山形から開いて平らになる。ヒダは幅狭く疎で柄に垂

ここを探そう▼▼
落ち葉溜め

上＝食用になるコムラサキシメジの群生（多数が近接して発生）
下＝中毒を起こすツブカラカサタケの束生（複数が基部を密着させて発生）

生する。柄は下方が太く中実。同じムラサキシメジ属にムラサキシメジ（紫占地）があり、名は小さいムラサキシメジの意である。肉質が柔らかく味も良く食用になる。落ち葉の中から大きな株となって束生するのがツブカラカサタケ（粒唐傘茸）だ。傘は釣鐘形から開いて平らになり、淡褐色の表皮が細裂して粒状の鱗片となって白い地肌をおおい、幼菌では赤い液を分泌する。名は粒状の鱗片がある傘の意である。ヒダは幅広く密で、白からクリーム色になる。柄は棍棒状で、色と表面は傘と同様。食べると消化器系の中毒を起こす。

落ち葉溜めの中で育つ
カブトムシの幼虫

カブトムシの幼虫は落ち葉を食べて育つのだが、落ち葉は消化しにくく栄養価も低い。キノコの菌糸は、落ち葉を糖分やアミノ酸に分解して吸収するので、はるかに栄養価の高い食料となる。落ち葉を食べればいっしょに菌糸も食べることになる。カブトムシの飼育にはキノコもひと役買っているのだ。

コムラサキシメジのヒダは疎で、柄に
沿って垂れ下がるように付く（垂生）

大きな株で束生したツブカラカサ
タケの幼菌。幼菌の傘は釣鐘形

ひと夜限りの儚《はかな》いきのこ

ここを探そう▼▼
早朝の草地

近くを流れる神田川沿いに遊歩道があり、そこから草地が広がっている。夏には早起きをして、朝食前の散歩を兼ねて草地のきのこに会いに出かける。朝露を含み凛とした姿のきのこが草むらで待っていてくれる。傘が円錐形で淡灰色、表面に繊維状の鱗片と条線があるきのこが草地に散生《さんせい》していれば、それはヒトヨタケ（一夜茸）だ。ヒダが液化して胞子を含んだ黒い液を滴下すると萎《しお》れてしまう。この間わずか一日。一夜で消えることからその名がついた。姿もよく食用になり、なかなか美味しいといわれるが、アルコールといっしょに食べると悪酔いするという妙な中毒を起こす。ただ、これと同様の中毒症状を起こすきのこは意外に多くある。

傘にささくれのある白いきのこが群生していたら、それはササクレヒトヨタケ（逆皮一夜茸）だ。幼菌の傘は円筒形だが、やがて釣鐘形に開いて縁が反り返り、ヒダが液化し、一夜で萎れてしまう。少々異様な姿をしているが、大変美味しいきのこである。ただ、採取したものはヒダが液化するので、すぐに加熱する必要がある。

早朝の草地で待っていてくれる凜としたササクレヒトヨタケ。柄の中ほどに特徴的なリング状のツバがある。全長は 10 cm ほど

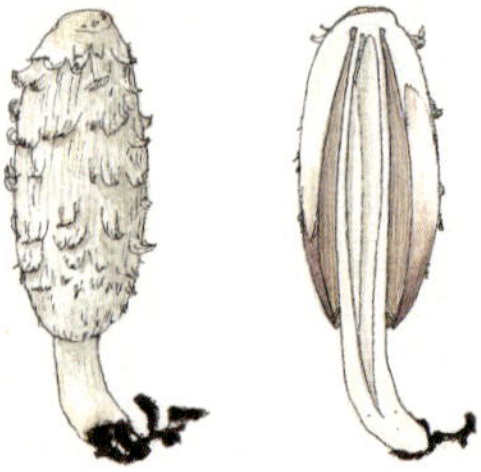

ササクレヒトヨタケの幼菌
幼菌の傘は円筒形で表面にはささくれ状鱗片があり、柄の内部は空洞（中空）

だが、間もなくヒダが溶けはじめ無惨な姿に…

左＝傘に長い放射状の線（条線）があるヒトヨタケの幼菌
右＝成菌と老菌。傘の径は 4-5 cm

道路のアスファルトを突き破って地上に現れたヒトヨタケ

束生したホソネヒトヨタケ。地中ににある根状菌糸束（右）がこのキノコを見分けるポイントである

傘が円錐形で、色が白く、ササクレヒトヨタケほど顕著ではないが、表面にささくれがあり、細かい条線のあるきのこが束生していたら、それはホソネヒトヨタケ（細根一夜茸）だ。前二種同様儚いきのこで、名の細根は、きのこを掘り起こしてみるとわかる。柄の基部が地中にある根状菌糸束《こんじょうきんしそく》という、菌糸が集まって紐状になった組織に連なっている。ヒトヨタケの仲間は、肉眼での同定が難しいが、このきのこは根状菌糸束の存在で見分けることができる。

これらのきのこには、色が白または淡色で、傘に鱗片があり、さらには、自らヒダを融かし一夜で消えてしまうなどの共通した特徴があり、かつてはヒトヨタケ科のヒトヨタケ属という同じグループに属していたが、近年の遺伝子解析による分子系統分類の進展により、ササクレヒトヨタケが別のグループの種であることが分かり、ハラタケ科ササクレヒトヨタケ属に移籍になった。一方、ヒトヨタケやホソネヒトヨタケは、グループ名がナヨタケ科ヒメヒトヨタケ属と名称変更になり、その特異的な特徴が似ているにもかかわらず、かなり遠縁のグループに分かれることになった。このような分類の変更は現在広い範囲で進行しており、ササクレヒトヨタケはその魁《さきがけ》となった事例でもある。

一夜で消えるきのこたちは、朝に現れると昼には溶けはじめる。早起きをする理由はここにあり、儚いきのこを専門にしている菌友のなかには、早朝に観察をして、それから勤めに向かう者もある。早朝の草地でササクレヒトヨタケを見つけた時は、バターをたっぷり使ったきのこのオムレツが加わるリッチな朝食となる。朝食前に出かける理由はここにある。

ウッドチップの舞台《ステージ》で

ここを探そう▼▼
公園のウッドチップ

公園では、樹木の立ち枯れや剪定などで多量の廃材が出る。これを粉砕してウッドチップとし、園内の遊歩道や林内に散布している。一年を過ぎる頃からきのこが発生し始め、やがてウッドチップは彼らの競演の舞台となる。登場するのは、通常では地中の材や腐植を棲みかとしている腐生菌《ふせい》のきのこたちで、色もとりどり姿もさまざまに観客を楽しませる。

ザラエノヒトヨタケ（粗柄一夜茸）の出番は比較的早い。チップ全面をおおうように、何千本というきのこが並ぶ姿には息を飲む。傘は円錐形で灰色、表面を繊維状の鱗片がおおう。ヒダは白から黒くなり、自らを溶解し黒い液滴となって胞子とともに滴下する。柄は細長く中空で白く、名の粗柄《ざらえ》のように表面を白い微毛がおおう。大勢で一斉に登場するが退場はすばやく、早朝に出たきのこたちは昼には姿を消してしまう。

ザラエノヒトヨタケが消えた舞台には、その傘に隠れて見えなかったオオチャワンタケ（大茶碗茸）が姿を現す。このきのこの形は他の出演者とは違って茶碗形で、それは属しているチャワンタケ類の基本的な形である。茶碗の内面を子のう盤といい、ここで胞子が作られ、側面は糠《ぬか》状の鱗片でおおわ

ウッドチップの舞台に大挙して現われたザラエノヒトヨタケ。傘に繊維状の鱗片が、柄には細毛状の鱗片（微毛）がある

ザラエノヒトヨタケの残骸の中に姿を現わしたオオチャワンタケ

菌輪を描くシワナシキオキナタケ。傘に滑りがある（右）

ウッドチップの舞台ではスターのシロフクロタケだが、猛毒のドクツルタケ（▶103 頁）に似ているので要注意！ツバの有無やヒダの色で見分ける。両者とも柄の基部にはツボがある

オオチャワンタケはわが家のプランターに発生したこともある ▶▶

れる。食用になり、酢の物や揚げ物で味わうことができる。

シワナシキオキナタケ（皺無翁茸）は輪を描いて舞台に現れ、これを菌輪《きんりん》と呼ぶ。ヨーロッパではフェアリーリングといい、妖精がダンスをした舞台、さらには魔女の集会の跡という言い伝えもある。傘は径3〜4cmほどで、円錐形から平らに開き、黄色で、表面は湿っている時に粘性がある。ヒダは幅広く密で、淡黄色から暗褐色になる。柄は細長く中空、黄色で、表面をささくれ状の鱗片がおおう。このキノコが属するオキナタケ属のきのこの傘には皺《しわ》のあるものが多く、そのため翁《おきな》の名があるが、本種の傘には皺がないので名に皺無《しわなし》が付く。

シロフクロタケ（白袋茸）は全身が白い大型のきのこで、その華麗な姿はウッドチップの舞台ではスター級だ。傘は径10cmほどで丸山形、表面は湿っている時に粘性がある。柄は長く中実で、基部にはツボと呼ばれる白い袋があり、名の袋はこれを意味する。本種の属するオオフクロタケ属や近縁のフクロタケ属のきのこには、食用になるものが多いが、なかで、シロフクロタケは猛毒のドクツルタケに似ているので注意を要する。両種とも全身が白く、ツボを有する点は同じだが、ドクツルタケ（103・104頁参照）にはツバがあり、ヒダが白いままなのに対し、シロフクロタケにはツバがなく、ヒダが白から肉色になるなどの異なる点で見分けることができる。

数々のきのこが入れ替わり立ち代り登場するうち、ウッドチップは彼らの出演料となって、舞台は四〜五年で消滅する。

ナラタケは病害菌だが

ここを探そう▼▼
広葉樹の生木と枯れ木

初夏と晩秋に、広葉樹の枯れ木や生木の根方などに、蜂蜜色のきのこが大きな株で束生する。それは、美味しいきのことして世界中で親しまれているナラタケ（楢茸）であるが、ナラタケも含め、ナラタケ属というグループのキノコたちは、樹木を枯らすナラタケ病を起こす病害菌として、林業や造園業、公園などの関係者を悩ましている。特に、植林や公園の植栽樹などで被害が多く、なかで植林の幼齢樹では、ヒノキやカラマツなどの針葉樹も枯死させるという。根と連結部を作り樹木と共生する菌根菌の菌糸は、根の細胞中には入らず、細胞膜を通して物質交換するのに対し、ナラタケ属の菌糸は、細胞中に侵入して養分を摂取し繁殖するという、他にあまり例のない攻撃的な生き方をする寄生菌である。

ナラタケの傘は丸山形から平らに開き、周辺に細かい条線があり、黒褐色の微小な粒点がある。ヒダはクリーム色で、褐色のしみが出る。柄は細長く中実で、膜状で永続性のツバがあり、傘と同色である。現在日本産のナラタケ属には十数種類のキノコがあるが、かつては、ナラタケモドキ以外はすべてナラタケとよばれていた。その代表的な種がこのキノコである。ナラタケという名ではあるが、

埋もれた切り株に群生したナラタケ

ナラタケ

ナラタケの傘には細かい条線と微小な粒点（粒状の鱗片）があり、柄には膜状のツバがある

◎アマンダレ、オリミキ、ボリボリ、モタセなど百以上の地方名があるナラタケは、古くから人々に親しまれていたようだ。この図は江戸時代に描かれたもの（『梅園菌譜』（天保七・一八三六年序）より）

上＝生木に出たナラタケモドキ。ヒダが柄に沿って垂れ下がるように付く（垂生）
下＝倒木に出たヤワナラタケ。柄には綿毛状のツバがある

楢《ナラ》の木に限らず多くの広葉樹に発生する。味も歯切れもよく、ナラタケ属の中で最も好まれているきのこである。

夏に、公園の枯れ木や生木の根方、その周辺の地から群れをなして出るのがヤワナラタケ（軟楢茸）だ。その形と色はナラタケに似るが、傘表面の鱗片は全面にあり、肉質が柔らかく、ツバが綿毛状で消失しやすいなどの違いがある。本種には、ワタゲナラタケという別名もあるが、ツバが綿毛状であることによる。食用になるが、ナラタケに比べ肉質が軟らかで食味はやや劣る。

夏に、街路樹や公園の枯れ木や生木にナラタケモドキ（楢茸擬）が束生する。同じナラタケ属だが、前二種とはやや形状の異なるきのこである。傘は丸山形から平らに開き、さらに中央が窪み、黄褐色で、表面には長い条線があり、細かい鱗片が全面をおおう。ヒダはやや疎で柄に垂生し、淡褐色で褐色のしみが出る。柄は細長く中実でツバはなく、色は傘と同様。肉は繊維質で硬い。味がよく食用にされるが、過食すると消化器系の中毒を起こすことがある。

以前、きのこを求めて通っていた山梨県の山では、数年に一度、大げさに言えば、全山ナラタケというほどの大発生が繰り返されていた。しかし、その後に樹木が枯れたり弱ったりする様子は見られなかった。自然林における植林地は、人工的に作られた特殊な場所で、森の生態系を乱す存在でもあり、生物の体に喩《たと》えれば体内に侵入した異物である。ナラタケ属のキノコたちがそれらの樹木を枯らすのは、森に侵入した異物を取り除き、森の恒常性を維持するための森の免疫作用と考えることもできる。

殺し屋が森を守る

ここを探そう▼
湿った林床

　中央区の公園でセミタケ（蟬茸）の群生に出会った。そういえば、ここ何年か都心の公園で蟬の鳴き声が多くなったように思う。松林の林床に赤褐色で棍棒状のきのこが並んでいた。掘り出してみると、きのこに蟬の幼虫が連なっている。ニイニイゼミのようだ。セミタケは寄生菌の冬虫夏草《とうちゅうかそう》で、蟬の幼虫に取り付き、その体内に菌糸を繁殖して養分を吸収し、ついには死に至らしめ、その養分できのこを作り胞子を散布して、また他の蟬の幼虫に取り付く。冬虫夏草はまさに殺し屋のキノコで、その名は取り付く虫をもとに付けられる。

　郊外の雑木林でサナギタケ（蛹茸）を見つけた。緑の絨毯《じゅうたん》のような苔の中から、オレンジ色の細い棍棒が十本ほどかたまって出ていた。一箇所から一〜三本出ていることが多いので、掘り返してみると体長5cmほどのスズメガの蛹《さなぎ》が出てきた。ホストの養分がたっぷりあったので、何本ものきのこでそれを分け合ったのだろう。

　神田川沿いの遊歩道に出ていたクモタケ（蜘蛛茸）も棍棒状だが、その表面を淡紫灰色の粉がおおい、触れるとその粉が飛散する。掘り出してみると、きのこの基部が丈夫な袋の中に伸び、その中にはほ

ニイニイゼミの幼虫に取り付いたセミタケ

オサムシタケは成虫にも幼虫にも取り付き、柄は黒い針金状で、その先端を白い分生子がおおう

線香花火のような
オサムシタケ

1 箇所から 10 本ほどのサナギタケが発生。表面の小さな粒は子のう殻。右＝サナギタケが取り付いたホスト（宿主）のスズメガの蛹

淡紫灰色の分生子をまとったクモタケ。右＝クモタケが取り付いたキシノウエトタテグモの巣袋

とんど何もない。クモタケが住人を食べ尽くしてしまったようだ。袋はキシノウエトタテグモが棲んでいた巣袋である。また、きのこの表面をおおう粉は分生子《ぶんせいし》（無性胞子）で、クモタケは分生子を作る冬虫夏草なのだ。一方、前二種の表面には粉などは無く、よく見ると小さな粒がきのこの表面に埋生しているのが分かる。この粒を子のう殻といい、その中で有性胞子が作られる。冬虫夏草には、分生子を作るものと有性胞子を作るものがあり、多くが二通りのきのこを作る。それらは形状が異なり、取り付く虫の種類も異なることが多いので、通常別々の名が付けられている。繁殖は簡便な分生子で、遺伝子の多様化は有性胞子でという、キノコの変幻自在な生き残り戦略はここでも駆使されている。

オサムシタケ（箢虫茸）も分生子を作る冬虫夏草である。去年の七月初旬に目黒区の公園に出ていたのを思い出し出かけてみた。覚えのあるスダジイの木陰を探すと、湿った土から細く枝分かれしたきのこが線香花火のように出ている。周辺を掘ると、オサムシの成虫と幼虫がいくつも出てきた。針金のような柄は先端で枝分かれし、虫ピン状の先端を白い分生子がおおっている。

蟬の幼虫は長い年月を地中で、樹木の根から樹液を吸って成長する。公園の森に蟬が異常発生すれば、樹木は大きな被害を受けることになる。樹木が枯死すれば、蟬の幼虫も飢え死にをする。そのままでは、公園の樹木も蟬もいなくなってしまう。そんな時にセミタケが登場し、増えすぎた蟬の幼虫に取り付きその数を減らす。セミタケが蟬の個体数を調整することにより、樹木も蟬も生き続けることができる。殺し屋が森を守るという、キノコによる森の免疫作用である。

街のきのこの最盛期

ここを探そう▼▼
照葉樹林の林床❶

「好いお天気で。」　青空が広がる日の挨拶が、菌友どうしでは雨の日に交わされる。きのこの発生には多量の水分が必要で、そのためには降雨が大切な条件になるからだ。梅雨の到来は、まさに「好いお天気」が続く夏のキノコシーズンの始まりなのである。都心の公園には、マテバシイ、スダジイ、シラカシなど、キノコと共生する照葉樹が多くあり、それらの樹下にこの時期多くの菌根《きんこん》菌のきのこが発生し、街のきのこの最盛期となる。テングタケ属という菌根菌のきのこたちも、この時期これらの林に発生する。

平らに開いた傘と長い柄を持つ大型のきのこが、林床に散生《さんせい》（複数が離れて発生）するのはオオツルタケ（大鶴茸）で、同じテングタケ属にツルタケ（73頁参照）があり、名は大きいツルタケの意である。灰褐色の傘の表面には長い条線がある。ヒダは白いがその縁に灰色粉状の縁取りがある。柄は細長く中空で、表面を灰色の粉状物がおおい、ヒダの縁取りは幼時にこれが付着したものだ。柄の基部には白い膜状のツボがあるが、これは幼時きのこ全体をおおっていた外被膜《がいひまく》が残ったもので、本種の外被

ウスキテングタケの幼菌（発生して間がないきのこ）と成菌

◎公園の照葉樹林には様々な夏きのこが発生する

ガンタケの幼菌（左端）と成菌。傘には細かい破片状の外被膜の残片（イボ）がある

オオツルタケの傘には長い条線が、柄の基部には膜状の外被膜の残片（ツボ）がある。右＝灰色の縁取りがあるヒダ

ウスキテングタケの傘には条線が、柄にはツバ（幼時ヒダをおおっていた内被膜が剥がれ、柄に垂下したもの）があり、傘と柄の基部には破片状の外被膜の残片がある

テングタケ属のきのこの模型図

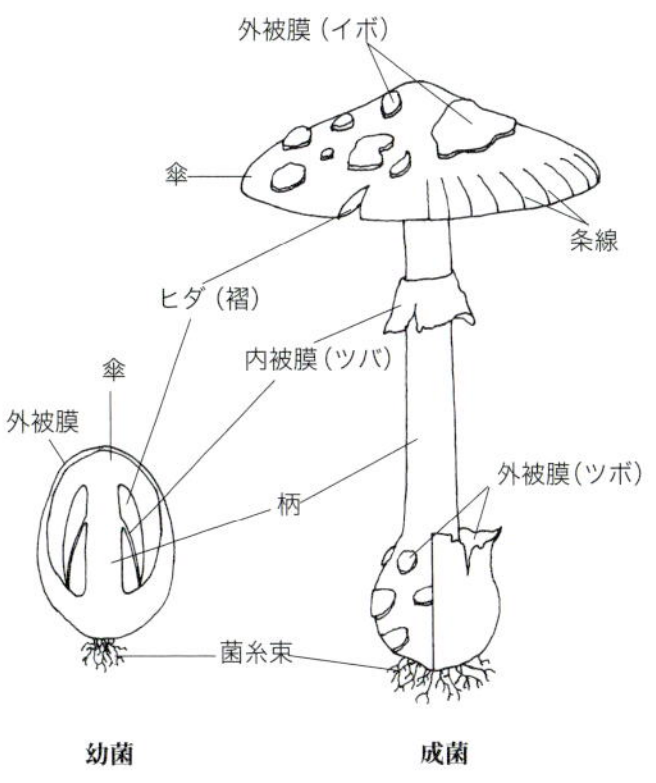

◎各部位の特徴を確認することで種の同定（分類群または種を決めること）が可能になる。テングタケ属は、きのこの部位のほとんどを備えているので、その特徴を知ることは、きのこの観察法を知ることにもなる

膜は膜質なので膜状だが、脆《もろ》いと破片状になる。大型で魅力的なきのこだが消化器系の中毒を起こす。

　淡黄色の整った姿で、林床に列をなして群生するのがウスキテングタケ（淡黄天狗茸）だ。傘は幼時球形から開いて丸山形、さらに平らとなり、縁に細い条線があり、表面にはイボと呼ばれる白い破片状の外被膜の残片がある。ヒダは幅狭く密で白い。柄は中空で、基部が球根状に膨らみ、傘の表面と同じ外被膜の破片がわずかに付着し、中位には淡黄色で膜状のツバがある。色・形とも綺麗なきのこだが、食べると消化器系や神経系の中毒を起こす。

　シイ・カシ林や松林の林床に厳《いか》つい姿を現すのがガンタケ（雁茸）だ。傘は幼時球形から開いて丸山形、さらに平らとなり、縁に条線はなく、表面には白い角錐形やパッチ状のイボがあり、明褐色で、名はその色が雁《ガン》の羽に似ることによる。ヒダは幅狭く密で白い。柄は中空で、基部が膨らみ、傘と同様の外被膜《がいひまく》の破片が付着し、上部には白い膜状のツバがある。傷をつけると赤変し、老菌になると全体が赤みを帯びてくる。食用とされてきたが、最近消化器系の中毒を起こす毒成分のあることが分かったので注意を要する。

　テングタケ属のきのこには、肉眼観察のみで種を同定できるものが多くある。同定には、きのこの傘・子実層托《しじつそうたく》（ヒダや管孔《かんこう》）・柄の各部位ごとの特徴が必要だが、テングタケ属のきのこはそれらがはっきりしているので捉え易い。観察の順序は、「傘の条線の有無↓外被膜が脆いか膜質か↓内被膜の有無」で、これらを確認して、図鑑等の画像や記載を参照することにより、種の同定が可能になる。街のきのこの最盛期に、テングタケ属で同定にチャレンジされてはいかがだろう。

縦に裂けないきのこは毒？

「好いお天気」が続くシイ・カシ林の林床には、テングタケ属以外にも多様な菌根菌《きんこん》のきのこが発生する。そのひとつがベニタケ科のきのこたちである。ベニタケ科は、きのこが縦に裂けないという顕著な特徴があり、他のグループと容易に区別することができる。それは、ベニタケ科以外のきのこは、細胞が細長い繊維細胞であるのに対し、ベニタケ科のそれは類球形の球形細胞であることによる。ちなみに、ベニタケ科以外のきのこはすべて縦に裂くことができる。さらに、ベニタケ科は、傷をつけると乳液を分泌するチチタケ属と分泌しないベニタケ属の二つのグループに分かれる。

マテバシイやシラカシ、時には松の樹下に、瑠璃《るり》色の美しい姿を現すのがルリハツタケ（瑠璃初茸）だ。ベニタケ科には「ハツ」または「ハツタケ」の付く名が多いが、それは、ベニタケ科の代表的な種であるハツタケ（76頁参照）に因《ちな》んだものである。傘は中央が窪んだ丸山形から開いて浅い漏斗形になり、表面には色の濃淡による環紋《かんもん》がある。ヒダはやや密で、傘と同色。柄は下方に細く中空で、表面には小さなクレーター状の窪みがある。傷つけると青い液を分泌するので、チチタケ属ということになる。

照葉樹の下に発生したルリハツタケ

ルリハツタケの傘には同心円状の模様（環紋）が、柄にはクレーター状の窪みがある

漏斗形のヒビワレシロハツ。傘の表面が微粉状で、やがてひび割れる

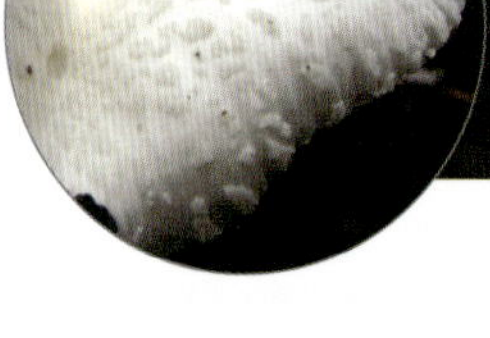

漏斗形のクロハツ。はじめは白く、傷つくと赤変し、さらに黒変する

クロハツのヒダは幅広く、ヒダどうしの間隔が広い（疎）

味がよく食用にされるが、他のベニタケ科のきのこ同様、肉質が脆《もろ》く食感がよくないので、油を使うなど調理に工夫が必要である。

林床に白いきのこが点々と発生するのはヒビワレシロハツ（皹割白初）だ。傘は中央が窪んだ丸山形から開いて浅い漏斗形になり、表面をおおう鱗片が微小なため、粉を被ったように見える微粉状で、やがて表皮がその名のようにひび割れる。ヒダは幅広くやや疎で、色は白い。柄は下方に細く中空で、表面には皺があり、色は白い。傷つけても乳液が出ないのでベニタケ属である。

照葉樹や松の樹下に、傘が漏斗形に開いた黒い大型のきのこが群生するのがクロハツ（黒初）だ。幼時はきのこ全体が白いが次第に黒くなる。傷をつけると白い肉が赤変しさらに黒変するが、乳液は出ないのでベニタケ属である。ヒダは幅広く疎で、柄は下方に細く中空である。かつては食用とされていたが、最近では消化器系の中毒を起こすと言われている。また、関東地方ではあまり見られないが、ベニタケ属で近縁のニセクロハツは、複数の死亡例のある猛毒きのこだが、傷つけると赤変後黒変しないことで見分けることができる。

言い伝えに、「縦に裂けるきのこは食べられるが裂けないものは毒」というのがあるが、ここに紹介したように、縦に裂けないが食べられるものもあれば毒のものもある。また、ベニタケ科以外のきのこはすべて縦に裂けるが、同様に、食べられるものと毒のものがある。きのこの食毒を判定するには、ひとつずつ地道に覚える以外に方法はなく、よい思いをするにはそれなりの努力が必要ということだ。

街路樹にポルチーニが

ここを探そう▼
照葉樹の樹下

梅雨の頃、近くにシラカシの街路樹があったら、その下を探してみよう。イタリア料理の食材で、今人気のポルチーニに出会うことができるかもしれない。ポルチーニは、肉が軟質で子実層托《しじつそうたく》が管孔《かんこう》という特徴を持つイグチ類のイグチ科に属している。厳密には和名ヤマドリタケを指すイタリア語だが、広義にはヤマドリタケモドキやムラサキヤマドリタケなど、食味の似た近縁の種を含む呼び名のようである。いずれも肉質が緻密でボリュームがあり、独特の香りと旨みを持ち、洋食の食材として珍重されている。ヤマドリタケの棲みかは高地なので、街で出会うことはないが、ヤマドリタケモドキとムラサキヤマドリタケは平地の照葉樹と共生する菌根菌《きんこんきん》なので、この時期、街路樹や公園のシラカシ、スダジイ、マテバシイなどの樹下に見つけることができる。

ヤマドリタケモドキ（山鳥茸擬）は、大きいものでは傘の径が20cmにも達する大型のきのこで、その形状はヤマドリタケに酷似している。傘は丸山形から開いて平らになり、オリーブ褐色、表面には油を塗ったような光沢がある。子実層托は管孔で、管孔の開口部である孔口は小さく、オリーブ色だが、

◎樹下にポルチーニが発生するシラカシの街路樹

街路樹の下に出たヤマドリタケモドキ。子実層托が管孔で、管の内面で胞子が作られる

ヤマドリタケモドキの管孔の開口部（孔口）は、幼時白い菌糸でおおわれている（右）が、菌糸が消失するとオリーブ色の孔口が現われる（左）

群生したムラサキヤマドリタケと柄の網目（右）

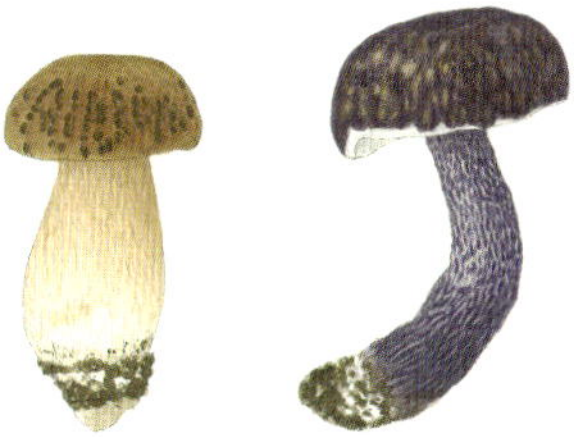

ヤマドリタケモドキとムラサキヤマドリタケ
いずれの傘も丸山形

富士山の森（シラビソの樹下）に出たヤマドリタケ。ヤマドリタケは柄の網目が上部のみで、その名は色が山鳥の羽の色に似ることによる

◎キノコの菌糸が植物の根に菌根を作り、相互に物質交換して共生する

幼時は白い菌糸でおおわれている。柄は下方に太く中実、淡褐色で、淡色の隆起した網目が全面をおおう。ちなみに、ヤマドリタケの網目は柄の上部にだけにある。肉は白く緻密で、スライスしてソテーしただけでもその食味を堪能できるが、リゾットやキッシュ、パスタの具でさらにその真価が発揮される。

全身紫色または傘に黄色のまだら模様が加わる大型のきのこがムラサキヤマドリタケ（紫山鳥茸）だ。傘は幼時丸山形から開いて平らになり、表面には凹凸があって、油を塗ったような光沢がある。子実層托は管孔で、孔口は小さく黄色だが、幼時は白い菌糸でおおわれている。柄は下方に太く中実、濃紫色で、白い隆起した網目が全面をおおう。肉は白く緻密である。調理法はヤマドリタケモドキと同様だが、加熱しても紫色が失われないので料理に彩《いろどり》が加わる。

イグチ類のキノコもテングタケ属やベニタケ科と同様、樹木と共生する菌根菌である。これら菌根菌は、菌糸が樹木の根に菌根とよばれる連結部を作り、そこを通して、菌糸が地中で集めた水や無機物質を根へ、樹木からは、キノコが供給した物質を原料にして光合成で生産した有機物を菌糸へ供給する。自らは有機物を生産しないキノコ本来の生き方は、生物の死骸や排泄物を分解・吸収する腐生《ふせい》菌の栄養法であったが、やがて、生きた生物に侵入して一方的に養分を摂取し、時には相手を死に到らせる寄生菌と、樹木と物質交換をして共生する菌根菌に、それぞれ進化したと考えられている。有機物の分解を生業《なりわい》としていたキノコが、有機物の生産者側に、その生き方を変えたのが菌根菌なのである。

元気な松には

ここを探そう▼▼
海岸近くや庭園の松の樹下

白砂青松といわれるように、海岸の松は白い砂浜に映えて美しい。自然環境のなかでは、山地であれば尾根筋、平地では海岸など、他の植物があまりいない貧栄養の地を、松は好んで棲みかとする。海岸の松が美しいのは、適地に住まいを得て元気に暮らしているからであろう。一方、街なかにも元気な松がある。それは文化財的な庭園のある公園の松林で、そこでは、常に土地を貧栄養に保つための手入れが行われている。松が貧栄養の地を好むのは、他の植物と競合しないで済むからだが、それを可能にしているのは、水や無機物を供給してくれる多様な菌根《きんこん》菌との共生である。したがって、それら元気な松の樹下には多様なきのこが発生する。

テングタケ属ではツルタケ（鶴茸）が多く発生する。傘は釣鐘形から平らに開き、条線があり、灰褐色で、表面は湿っている時粘性がある。ヒダは幅広く密で、色は白い。柄は細長く中空で、基部に白い膜状のツボがあるがツバはなく、色は白で、表面は平滑またはささくれ状。名は柄の形が鶴の首に似ることによる。食用とされてきたが、最近毒成分が検出されている。

◎海岸に近い場所や管理された庭園の松は、多様な菌根菌と共生している

柄が鶴の首のようなツルタケ

分泌したワイン色の液が緑青色に変わるハツタケ

管孔部から白い乳液を分泌するチチアワタケ（左）。柄の表面に細かい粒点がある（下）

黒松の下に発生したショウロ。球に近い形(類球形）で、きのこの内部に胞子を作る腹菌型。摩擦すると赤変し、基部には菌糸がある

チチアワタケは、松とだけ共生するイグチ類ヌメリイグチ科のキノコである。傘は半球形から開いて平らになり、栗褐色で、表面は湿っている時強い粘性がある。管孔《かんこう》は短く、孔口は小さく、鮮黄色から黄褐色になり、幼時白い乳液を分泌する。名の乳《ちち》はこの乳液により、粟《あわ》は孔口が粟粒に似ることによる。柄は下方に細くなり中実、淡黄色で、表面には褐色の細かい粒点《りゅうてん》がある。食べると消化器系の中毒を起こすことがある。

ハツタケ（初茸）も松とだけ共生するベニタケ科チチタケ属のキノコで、名は早い時期に発生することによる。きのこは縦に裂けず、傷をつけるとワイン色の液を分泌し、やがて青緑色に変わる。傘は中央が窪む丸山形から開いて漏斗形になり、ワイン褐色で、周辺には色の濃淡による環紋がある。ヒダは密で、傘と同色。柄は下方に細くなり中空で、傘と同色。味がよく、汁物や炊き込みご飯などにする。

ショウロ（松露）は海岸の黒松林に棲むキノコだが、街の公園の黒松樹下にも発生する。類球形の小さなきのこで、その名は松の露から生まれるとかつて考えられていたことによる。白から黄褐色になり、摩擦すると赤変する。表面は平滑で、やがて亀裂が入り、ついには崩壊する。胞子をきのこの内部に作る腹菌型《ふっきん》で、幼菌の肉は白く、サクサクした林檎の果肉のような食感だが、胞子が成熟すると灰緑色となって軟らかくなり、やがて異臭を発するようになる。日本古来の食用きのこで、幼菌を酢の物、煮物、汁物などで味わう。

松は多様な菌根菌と共生しているが、キノコも複数の松と共生する。共生という生きかたは、双方が元気な限り安泰だが、どちらかに支障が起これば共倒れの危機となる。松が多様なキノコと、キノコが複数の松と共生するのは、そのリスクを回避するための戦略でもある。

松枯れの後始末

ここを探そう▼▼
松の枯れ木、倒木、切り株

全国的な松枯れが続いているが、街でも無残な姿の松をしばしば見かける。元気な松は菌根《きんこん》菌のキノコと共生して暮らすが、弱った松からは菌根菌が次々と撤退して、その死期を早める。松が枯れると、菌根菌に変わって腐生《ふせい》菌のキノコの出番となる。

枯れて間がない松には松脂《まつやに》など、キノコの侵入を阻《はば》む物質が残っていて、易々とは分解に取り掛かれない。そのなかで、果敢に挑戦するのがヒトクチタケ（一口茸）で、肉質が硬いサルノコシカケ類のキノコである。きのこは蛤《はまぐり》形で、名は一口大を意味する。黄白色から濃褐色になり、表面にはニス状光沢があるので栗の厚皮《あつかわ》のようで、弱い粘性がある。管孔《かんこう》は短く、孔口は小さく、灰白色だが、裏面が膜でおおわれているので直接見ることはできない。成熟すると膜の基部近くに孔が開き、そこを虫が出入りし、管孔を食べて胞子を運ぶ。

腐朽が進んだ松の倒木や切り株にはマツオウジ（松旺子）が発生する。「旺子《おうじ》」は旺盛に発生することを意味するが、「松叔父」＝マツタケの叔父さんとする説もある。傘は丸山形から開いて漏斗形にな

◎菌根菌との共生が絶たれ、無残な姿となった松

り、淡黄色で、表面はささくれ状の鱗片でおおわれる。ヒダは幅広く密で、縁にのこぎり状の切れ込みがあり、色は白いが褐色のしみが出る。柄は太く中実、傘と同色で、表面をささくれ状の鱗片が階段状におおう。ヒトクチタケ同様松脂臭が強く、時に消化器系の中毒を起こす。

松の生育時には菌根菌が養分を供給し、死後は腐生菌がその後始末をする。揺りかごから墓場まで、松はキノコとともにある。

ヒトクチタケ

マツオウジ

ヒマラヤスギの林に

ここを探そう▼
ヒマラヤスギ林の林床

都心の公園にはヒマラヤスギの林が多く見られる。日本には明治初期に輸入され、屋敷林や公園の植栽林として広まり、それが現在に至っているようだ。ヒマラヤスギの樹下には菌根《きんこん》菌のテングタケ属やベニタケ科のきのこが発生する。菌根菌が共生する樹種にはブナ科、カバノキ科、マツ科などあるが、スギ科と共生するキノコはいない。ヒマラヤスギの名にはスギの語が付いているが松の仲間であり、したがって、ヒマラヤスギの林が菌根菌の棲みかになるというわけだ。

テングタケ属ではイボテングタケ（疣天狗茸）が夏と秋に発生する。大型のきのこで、傘は淡褐色で条線

ヒマラヤスギの林に発生したイボテングタケ

があり、無数の白い角錐状のイボを載せる。柄は細長く白で、途中に膜状のツバがあり、基部には外被膜《がいひまく》の残片が環状に残る。イボテングタケは一九五三年に、東北大学の松本彦七郎教授により、松林で発見、命名されたキノコで、その姿形の良さに加え、化学調味料の主成分であるグルタミン酸の数倍に相当する旨み成分イボテン酸を持つこともその後明らかになった。広葉樹下に出るテングタケとはその形状が極めて似ていて、違いはテングタケが本種に比べやや小型で、傘の色が濃く、イボの形状がパッチ状である点ぐらいで、その区別は難しい。当時、テングタケは有毒だが、イボテングタケは食用で、このうえなく美味しいきのことといわれていたようだが、現在では、イボテン酸も有毒であることが分かり、両者とも神経系の中毒を起こす有毒きのことなっている。また、テングタケ属のきのこにはイボテン酸が含まれているものが多く、テングタケ属のきのこは有毒種が多いが味は良いといわれる所以である。

　ベニタケ科ではベニタケ属のアイバシロハツやドクベニタケが、イボテングタケと同様、夏と秋に発生する。

テングタケの傘は色が濃く、表面が尖らず平らなイボ（パッチ状）がある

イボテングタケの傘には角錐状のイボがある

アイバシロハツ（藍羽白初）は全体が白く、傘が漏斗形に開き、柄が太く短く、縦に裂けないなど、典型的なベニタケ型のきのこである。名の藍羽はヒダが青いことを意味し、羽はヒダの意で、葉や歯、刃などをあてることもある。ベニタケ科としては大型のきのこで、樹下に積もった落ち葉を漏斗形の傘の上にいっぱい乗せ、それを持ち上げるように出てくる。盛り上がった落ち葉をどけるとその下に埋もれていることもある。この大型のきのこがヒマラヤスギの林一面に出ている姿は壮観である。食用になり、大型でたくさん出るので、見つけると大収穫となる。ただ、ベニタケ科のきのこは、味は良いが肉質が脆《もろ》いので、調理法に工夫が必要である。

ドクベニタケは傘が赤く柄の白い小型のきのこだが、色や形の似た種が多く同定が難しい。針葉樹の樹下に発生し、傘の表皮を容易に剥がすことができ、柄に白以外の色が混じらず、噛むと強い辛味のあるものを広義のドクベニタケとしている。名前のように有毒で、消化器系の中毒を起こす。

遠くヒマラヤの地から来たヒマラヤスギに、松林に棲む日本特産のイボテングタケが共生するという、樹木とキノコによる国際交流が明治の時代に始まっていた。

ドクベニタケ（広義）
傘の表皮が容易に剥け、柄が白い

★広義＝厳密には異なる種だが、形状の似たものを同じ名前で表すこと

◎ヒマラヤスギの林には、テングタケ属やベニタケ属のキノコが棲んでいる

テングタケによく似たイボテングタケ

傘に落ち葉を乗せて発生したアイバシロハツ。ヒダは青みを帯びる

雑木林の夏きのこ

照葉樹林では、梅雨が始まり気温が上昇してくると、きのこの発生が始まり、やがて夏きのこの最盛期となる。

一方、雑木林といわれるコナラ、クヌギ、シデなどの落葉広葉樹の林では、秋雨前線が到来し気温が下がってくると、きのこの発生が始まり、やがて秋きのこの最盛期となる。

しかし、梅雨が終わりに近づく頃、雑木林を訪れてみると、意外にも多くのきのこに出会うことができる。雑木林は、かつての里山が残る郊外の公園や、武

ここを探そう▼
夏の雑木林の林床

上＝イボテングタケによく似たテングタケダマシ
下＝アカヤマドリの柄の表面は細かい粒点におおわれている

蔵野の林として保存されている都心の公園などにあり、そこにはこの時期、雑木林の夏きのこが発生する。

テングタケダマシ（天狗茸騙）は、イボテングタケを小型にしたようなきのこで、色も形もよく似ている。ただ、イボテングタケが針葉樹林に出るのに対し、本種は広葉樹林に発生する。キノコの名には騙《だまし》、擬《もどき》、偽《にせ》の付くものがあるが、これらは形状が以前からある種に似る場合に付けられたものである。傘は半球形から平らに開き、条線があり、淡黄褐色で、表面には白く小さい角錐状のイボが散在する。ヒダは密で白い。柄は下方に太く中空で、基部には外被膜《がいひまく》の破片が環状に残り、中位に縁に切れ込みのある白い膜状のツバがある。

チチタケ（乳茸）も夏の雑木林によく見られるきのこで、縦に裂けず、傷をつけると多量の白い乳液を分泌するので、ベニタケ科のチチタケ属であることがわかる。乳液と傷口はやがて褐変する。小型から中型のきのこで、傘は中央が窪む丸山形から開いて浅い漏斗形になり、レンガ色で、表面は微粉状。ヒダは幅狭く密で、白いが褐色のしみが現われる。柄は下方に細くなり中実、傘と同色で、表面には皺がある。よい出汁《だし》がとれ栃木県のチタケうどん（チタケはチチタケの地方名）は有名である。

大型で橙褐色の豪快な姿が林床に並ぶのはアカヤマドリ（赤山鳥）で、名は赤い山鳥茸《やまどりたけ》を意味する。裏を返すと、子実層托が管孔なのでイグチ類であることが分かる。傘は半球形から丸山形になり、表面は幼時脳状の皺《しわ》でおおわれ、開くにつれ表皮がひび割れる。管孔は短く、孔口は小さく、黄色からオリーブ色になる。柄は下方に細くなり中実、黄色で、表面が橙黄色の細かい粒点でおおわれる。肉にボリュームがあるので、厚くスライスしてソテーに、また、煮汁が黄色くなるのでカレー料理やパエリアなどの具にする。

コナラの樹下に黄色い小さなきのこが群生していたら、採ってにおいを嗅いでみる。杏《アンズ》の香りがしたら、それはアンズタケ（杏茸）だ。傘は中央が窪む皿形から漏斗形になり、縁が波打つ。子実層《しじつそう》托《たく》のシワには分岐や連絡がある。柄は下方に細くなり中実で、色、表面とも傘と同様。オムレツやシチューの具などの洋風料理に合うが、煮物などの和風料理もよい。

本格的な夏の到来とともに、雑木林の夏きのこは次第にその姿を消し、やがて来る秋きのこのシーズンまで、雑木林はしばしの静寂に入る。

夏のコナラ

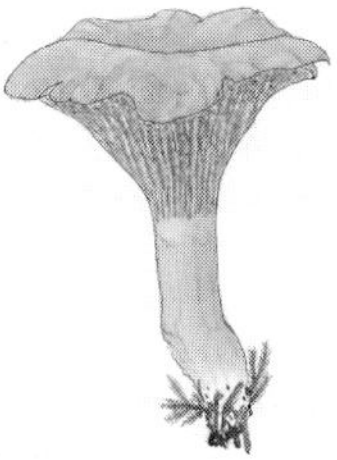

アンズタケ

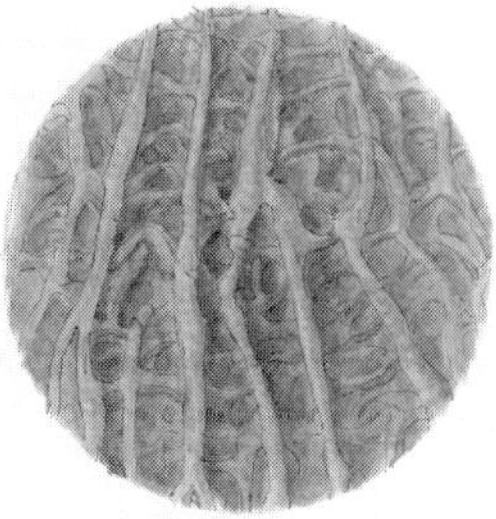

アンズタケのシワの標本画（右）。アンズタケの子実層托はシワで、枝分かれ（分岐）や横方向のつながり（連絡）がある

杏のにおいがする
アンズタケ

チチタケは傷をつけると
白い乳液を分泌する

◎コナラ、クヌギ、シデなどが生い茂る夏の雑木林では、さまざまな菌根菌のきのこに出会える

ヒダも色々

秋とはいえ、まだまだ暑い日が多く、夏の続きという感が強い九月初旬のある日。初夏に儚《はかな》いきのこたちに出会った神田川沿いの草地を再び訪れた。キノコたちにはすでに秋が訪れているようで、今度はハラタケ科のきのこたちが出迎えてくれた。このグループのキノコは、いずれも地中に埋もれた材や枯れた植物の根などを棲みかにする腐生《ふせい》菌である。

棒の先にボールを付けたような姿で草むらから現われたのはオオシロカラカサタケ（大白唐傘茸）の幼菌で、ボー

上＝ヒダが緑色になったオオシロカラカサタケ
下＝オオシロカラカサタケの幼菌と成菌

ここを探そう▼
初秋の草地

ル形の傘はやがて唐傘《からかさ》のように開き、淡褐色の表皮が剥がれて中央に残り、その下から白い地肌が現われる。このきのこの特異的な特徴はヒダの色にあり、初めは白いが、やがて緑色になる。これはヒダの表面にできる胞子が、成熟とともに緑色になることによる。本種はハラタケ科のオオシロカラカサタケ属に属し、このグループの胞子はすべて緑色である。南方系のキノコで、これまで東日本ではあまり見られなかったが、最近都内でも頻繁に発生するようになった。これも温暖化の影響ではないかといわれている。ただ、食べると消化器系の中毒を起こす。

草地に白い傘が点々と並んでいるのはハラタケ（原茸）だ。幼菌の傘は半球形だが、やがて開いて平らになり、色は白く絹糸状の光沢があり、傷ついた部分や老菌になると赤変する。柄には膜状の白いツバがある。このきのこもヒダの色に特徴があり、初め白いが、やがてピンク色に、ついには紫褐色になる。これも胞子の成熟によるもので、本種が属するハラタケ属の胞子はすべて紫褐色である。栽培種が市販されている商品名マッシュルーム（標準和名はツクリタケ）と近縁で食

ヒダが紫褐色のハラタケ

用になる。

アカキツネガサ（赤狐傘）もこの時期草地に現れるきのこで、草むらの中に、赤褐色の傘が寄り添うように群生している。幼菌の傘は半球形で、やがて開いて丸山形になるとともに、表皮が放射状に裂けて繊維状の鱗片となり、名の狐《キツネ》はこの鱗片を狐の毛に見立てたものである。柄は下方が棍棒状で白く、上部に赤褐色の縁取りのあるツバがある。このきのこのヒダの色は白いままで、老菌になっても変わることはない。これは胞子が無色であることによる。本種が属するシロカラカサタケ属の胞子は無色または淡色である。

ハラタケ科のきのこは、その名が示すように草地に多く発生するが、種類が多く互いに似ているので、肉眼観察による種の同定が難しい。紹介した三種のそれぞれで示したように、属によって胞子の色が異なっているので、その同定にはヒダの色（胞子の色）が有効な決め手になる。ハラタケ科に限らず、たくさんの種類があるきのこの同定には、ヒダの色は大切な特徴になっている。きのこもいろいろ、ヒダも色々である。

ヒダの色が白いアカキツネガサ

草地に菌輪を描くオオシロカラカサタケ

傘の表皮が繊維状に裂けるアカキツネガサ。ヒダは白い

草地に発生したハラタケ。ヒダは紫褐色

芝生のきのこが気になって

ここを探そう▼
芝生

ゴルフをする菌友が、ゴルフコンペで順番を待っている時、芝生にきのこが出ているのを見つけ、それが次から次へと見つかるためプレーに集中できず、その日のスコアは惨憺《さんたん》たるものになってしまったと悔しがっていた。運動施設や公園などの芝生にも、その地下を棲みかとする多様なきのこが発生する。その多くは小型の可愛いきのこで、地中の枯死した植物を分解する腐生《ふせい》菌だが、なかには芝草を枯らしてしまうような病害菌もある。

上＝オオヒメノカサのヒダは厚く蠟状の光沢がある
下＝芝生に発生したオオヒメノカサ

黒褐色のきのこが群生するのはオオヒメノカサ（大姫傘）である。地味な色ではあるが、芝生ではそれが緑に映えてよく目立つ。姫は小さいことを意味するので、そのままでは大型の小さい傘ということになるが、近縁種に形状の似たヒメノカサ（姫傘）があり、名は大きいヒメノカサの意である。傘は中央が窪む丸山形で、表面には長い条線がある。ヒダは幅広く厚みがあり、色は白く蠟《ろう》状の光沢がある。柄は細長く中空で白い。肉は傷つくと赤変し、さらに黒く変わる。

黄褐色の小さいきのこが群生するのがシバフタケ（芝生茸）である。傘は半球形から開いて中高の平らになり、表面には条線がある。ヒダは幅広く疎で白い。柄は細長く中空で軟骨質。小さな可愛いきのこだが、広い範囲に繁殖すると水分を多量に摂取して地中を乾燥させるため、芝草が枯れるフェアリーリング病を起こす病害菌として、芝生関連の業者を困惑させている。こちらのフェアリーリングは、妖精ではなく魔女の仕業のようだ。

淡黄色の傘に細長い柄を持つ可憐なきのこが、芝草の間に散生するのはキコガサタケ（黄小傘茸）だ。傘は釣鐘形から円錐形に開き、縁が反り返り、表面は微粉状で長い条線がある。ヒダは幅狭く密で、その色は前二種とは異なり、淡黄色から褐色になる。これは、このキノコが属するオキナタケ科がそうであるように、胞子の色が成熟とともに褐色になることによる。柄は中空で、色は傘より淡色、表面は微粉状である。

白いゴルフボールのようなきのこが、芝生のあちこちに姿を現すのがシバフダンゴタケ（芝生団子茸）だ。白から淡褐色になり、表面には粉状物があるがやがて剥離する。老成すると頂部に孔が開き、そこから胞子を放出する。きのこの中に胞子を作る腹菌型《ふっきん》のキノコは、かつては腹菌亜綱《あこう》というグループに分類されていたが、遺伝子解析による分子系統分類の進展により、このグループは消滅してしまった。本種もかつては腹菌亜綱のホコリタケ科に属していたが、現在ではきのこに傘とヒダと柄のあるハラタケ科に移行している。

シバフダンゴタケの近縁種には、形や色のよく似たものが何種類かあり、そのいずれもが芝生に発生する。なかにはシバフタケのようにフェアリーリング病を起こすものもある。ゴルフボールに似たこれらのきのこが芝生にいくつも出てくると、それが気になり、彼のスコアはさらに下がることになるだろう。

シバフダンゴタケの老菌。
成熟すると頂部に孔が開き
胞子が放出される

芝生に群生したシバフタケ。
ヒダは疎、柄は中空で軟骨の
ように硬い（軟骨質）

キコガサタケはヒダ
の色が褐色になる

ゴルフボールのよう
なシバフダンゴタケ

街でマイタケに出会う

ここを探そう▼
広葉樹の古木の根方

菌友から、街路樹にマイタケが出ているとの知らせを受け出かけてみた。そこはスダジイの街路樹が並ぶバス通り沿いの歩道で、大きな古木の根方に、老菌ではあったが二株のマイタケを見つけることができた。また、以前から キノコ調査を続けている都心の公園で、職員のかたから見て欲しいといわれ、案内されたヤマモモの根方には、これも少々古くなってはいたが、白いマイタケ形のきのこが出ていた。肉質や香り

上＝千代田区の公園のヤマモモの根方に出ていた白いマイタケ
下＝八王子市の公園のコナラの根方に出ていたマイタケ

など、色以外はすべてマイタケの特徴なので、色素を欠く突然変異種（白系）のマイタケとした。さらには、公園で観察会をした折、雑木林の太いコナラの根方に発生した街のマイタケを自力で見つける幸運にも恵まれた。

　マイタケ（舞茸）は、柄が基部から多数に枝分かれし、その先に掌《てのひら》状の傘が生じ、灰褐色で放射状の繊維紋と環紋がある。裏面の子実層托《しじつそうたく》は管孔で白く、柄に長く垂生する。肉は厚く柔軟で旨みと芳香があり、和風料理の食材として広く知られている。名の舞《まい》は見つけた者が歓んで踊りだすとも、傘が舞う手に似ているからともいわれている。マイタケの多くは高地のミズナラを棲みかとするが、最近それが街なかで見られるようになったのは、平地でも育つように改良された市販の栽培品の胞子が飛散し、街の樹木に棲みついたものと考えられている。

　最近、近くのスーパーマーケットで白いマイタケが売られているのを見つけた。公園で見た白いマイタケも、市販の栽培種が街に棲みついたものと納得した。

中野区の街路樹のスダジイの根方に出ていたマイタケ

栽培種の白系マイタケ

白いマイタケの子実層托

雑木林は宝の山

ここを探そう▼
雑木林の林床❶

子供の頃、親に連れられてハイキングに出かけた多摩丘陵は、バブルの到来とともに新興住宅街に変貌した。マンションが立ち並び、駅前にはお洒落な店が軒を連ね、都心から移転してきた大学の学生たちが行き交い、街は賑わいを見せている。そんな近代的な街なかに、かつての里山の風情をそのままに、コナラ、クヌギ、シデなどの雑木林を残す公園がいくつかある。一歩足を踏み入れれば、そこでは半世紀前にタイムスリップしたような武蔵野の森を体感できる。なかには、山道がそのまま残り、ちょっとしたハイキング気分を味わえる公園もある。

秋きのこの最盛期、十月初旬には郊外の公園へと向かう。交通の便がよいうえに、公園には無料駐車場もある。雑木林ではさまざまな秋きのこに出会うことができるが、まずは林床にきのこを探してみよう。発見すると、誰でもその美しさに魅了されるのが、テングタケ属のタマゴタケ（卵茸）だ。色の鮮やかなきのこは毒という俗説が間違いであることはこのきのこが教えてくれる。美しいだけでなく、このうえなく美味であることを知ると、皆熱狂的なファンになってしまう。幼菌は白い外被膜《がいひまく》にすっ

◎秋の雑木林にはさまざまなきのこが発生し、宝の山となる

ホオベニシロアシイグチの柄には彫刻刀で彫ったような網目がある

埼玉県民垂涎のウラベニホテイシメジ。傘表面には絹糸状の光沢と指で押したような染みがある

出会った人を魅了するタマゴタケ。傘は深紅で条線があり、ヒダは黄色、柄の表面は斑模様でツバとツボがある

外被膜を破って頭を出したタマゴタケの幼菌

ぽりと包まれ、卵そのもので、卵茸《たまごたけ》の名の由来は自明である。やがて外被膜が裂開してその見事な姿を現す。秋だけでなく梅雨の終わり頃にも発生するので、ファンは雑木林に夏も通うことになる。

ウラベニホテイシメジ（裏紅布袋占地）は、関東一円で、秋の雑木林に出る最も人気のあるきのこのひとつだ。特に埼玉県ではイッポンの名で親しまれ、県民垂涎の的である。肉質のしっかりした大型のきのこで、傘は丸山形で灰褐色、表面には絹糸状の光沢と、時に指で押したような暗色の染みがある。ヒダは幅広く、その名のように胞子の成熟とともに白から肉色になる。柄は白く、下方が太くなり中実で、下膨れの形から名の布袋《ほてい》がある。旨みがあって歯切れがよい。苦みがあるが、それも魅力で、湯がいてからのおろし和えはその苦みを楽しむ最適の一品となる。ただ、このキノコの属するイッポンシメジ属には、よく似た有毒きのこが何種もあるので、特徴をよく確かめなくてはならない。

ホオベニシロアシイグチ（頬紅白脚猪口）も魅力的なきのこだ。傘は丸山形で淡褐色、表面は湿った時に粘性がある。子実層托《しじつそうたく》が管孔《かんこう》なのでイグチ類で、イグチ科に属している。柄は太く、表面には彫刻刀で彫ったような網目がある。傘の裏面と柄が白から次第に紅色を帯びることから名の頬紅《ほおべに》がある。やや酸味はあるが美味で、ボリュームのある肉質を生かした料理がよい。なかでも、湯がいてスライスしたものを氷の上に並べ、山葵《わさび》醤油で味わうきのこのお刺身風は絶品である。

数々の美味しいきのこが出る秋の雑木林は、まさに宝の山である。ただ、採取が禁止されている公園もあるので、そこでは、撮って、描いて、観察して楽しむことにする。

宝の山にご用心

ここを探そう▼
雑木林の林床 ❷

秋の雑木林には、美味しいきのこがたくさんあり、まさに宝の山といいたいが、そう美味しい話ばかりではない。数々のきのこ中毒のニュースが伝えられるのもこの時期である。

日本で中毒例が特に多い御三家がある。クサウラベニタケ、カキシメジ、ツキヨタケがそれで、このうちツキヨタケの棲みかはブナ林などの高地だが、前二種は秋の雑木林によく発生する。クサウラベニタケ（臭裏紅茸）の傘は地味な灰褐色で丸山形、柄は白く太い。知らなければ誰でも食べたくなる姿をしている。しかし、このきのこは嘔吐・下痢などの中毒症状を起こし、それが一週間ほど続くこともある。ただ、ヒダが成熟とともに肉色になるのが、本種が属するイッポンシメジ属の特徴なので、そこで見分けることはできる。しかし、このグループにはハルシメジやウラベニホテイシメジなどの美味しいきのこもあり、中毒例の多くはウラベニホテイシメジとの誤食によるもので、名人泣かせ、玄人泣かせのきのこといわれる所以である。カキシメジ（柿占地）は、傘の色が赤褐色で表面には湿っている時粘性があり、柄は白く太い。クサウラベニタケ以上に美味しそうな姿をしたきのこである。

中毒例の多い
クサウラベニタケ

食用にされるウラベニホテイシメジ（右）
と有毒のクサウラベニタケ（左）

ウラベニホテイシメジに比べると、クサウラベニタケは傘の表面に絹糸状の光沢と指で押したような染みは無く、苦味もない。名の臭《くさ》は小麦粉臭がすることによる

カキシメジは見るからに美味しそうだが有毒。ヒダは白いが褐色の染みが現われる

猛毒のドクツルタケ
傘は丸山形で条線が無く、ヒダは幅広く密。柄は細長く、上部に膜状のツバ、基部に膜状のツボがある

有毒のカブラアセタケ
傘は中央が突出（中高）し、褐色の表皮が放射状に裂け、繊維紋となって表面をおおう。柄は細長く基部が蕪《かぶら》状に膨らむ

中毒症状は一両日で治まるが、嘔吐・下痢は激しくその間数十回トイレに通うことになる。

小型で地味な色をしているが、意外に怖いのがアセタケ（汗茸）科のきのこである。このグループの多くが、自律神経を阻害する毒成分を持ち、発汗、流涎、血圧低下、呼吸困難などの症状を起こし、死に至ることもある。汗茸《あせたけ》の名は食べると汗が出ることによる。雑木林にはカブラアセタケ（蕪汗茸）が多く発生する。きのこは小型でも毒は大型である。

中毒御三家はいずれも消化器系の中毒で、中毒例は多いが死に至ることはほとんど無い。これに対し、致命的な中毒を起す猛毒御三家がある。いずれもテングタケ属のキノコで、タマゴテングタケ、シロタマゴテングタケ、ドクツルタケの三種だ。このうち、雑木林によく発生するのがドクツルタケ（毒鶴茸）で、純白で清楚なその姿は、一本で数人の命を奪うきのことは到底思えない。ドクツルタケの中毒はきわめて質《たち》が悪い。食べて間もなく嘔吐や下痢が始まるが、それは一両日で治まる。しかし、本格的な症状は数日から一週間後に現われる。肝不全、腎不全となり、大変な苦しみとともに死に至るというもので、それは潜伏期間中に内臓の細胞が破壊されることによる。その特徴を覚え、間違っても食べることのないよう気をつけて欲しい。

古くから、きのこは秋といわれてきたのも、秋の雑木林にたくさんの美味しいきのこが出ることによるものであろうが、何ごとによらず、良いことと悪いことは同居している。宝の山の秋の雑木林だが、そこには落とし穴もあることを忘れてはならない。

森の掃除屋たち

ここを探そう▼▼
雑木林の枯れ木、倒木、切り株

雑木林の林床にきのこが発生するタマゴタケやクサウラベニタケなどはいずれも菌根菌《きんこんきん》で、樹木の有機物生産に協力するキノコたちである。一方、倒木や切り株、落ち葉や落ち枝に棲むキノコは、それら樹木の死骸や排泄物を分解して土に戻す腐生菌《ふせいきん》で、いわば森の掃除屋たちである。腐生菌のきのこたちを、その棲みかである枯れ木や倒木などの樹上に探してみよう。

切り株やその周辺の地上に、細長い柄に平らな傘を付けたきのこが発生するのがツエタケ（杖茸）で、名の杖《つえ》は細長い柄の形による。傘は丸山形から開いて平らになり、黄褐色で、表面に皺《しわ》があり、湿っている時には粘性がある。ヒダは幅広く疎で、色は白い。柄は濃褐色で表面には条線がある。食用になるが、柄は硬いので傘だけを、その滑りを活かして煮物や汁物にする。これまでツエタケとされていたキノコは、現在十種ほどに分けられているので、ここでは広義のツエタケとする。

晩秋に、多くは広葉樹に、時に針葉樹の立ち枯れた木や切り株の根方に束生するのがクリタケ（栗茸）である。傘は丸山形、栗色で周辺に白い鱗片を付ける。ヒダは、はじめ白いが成菌になると暗紫褐色

杖のような細長い柄を持つツエタケ。傘には皺と湿った時に粘性があり、地上生では柄の基部が根状に伸びて地中の材に連なる

切り株の根方に発生したオオワライタケ。柄には膜状のツバがある。食べると神経系の中毒を起こすので要注意

食用にされるクリタケ
上＝枯れ木の根方に束生。右＝胞子が積もり、傘が暗紫褐色になった状態

猛毒のニガクリタケ
下＝倒木に群生。右＝胞子が積もり、傘が暗紫褐色になった状態

になり、この色の変化は胞子の成熟によるものである。柄は細長く中実で、上方が白く下方は傘と同色、表面には繊維状の鱗片がある。広く食用にされ、なかでもクリタケご飯は晩秋の味覚である。

枯れ木や切り株に出るきのこも、菌根菌と同様、美味しい話ばかりではない。切り株や倒木上に、黄色い傘の小さなきのこが群生するのがニガクリタケ（苦栗茸）だ。ヒダの色が、幼菌では淡黄色だが成菌になると暗紫褐色になる。噛むと苦いのでそれと分かるが、熱を加えると苦味が消えるので、クリタケと誤食して中毒することがある。中毒症状はかなり重篤で死に至ることもある。このきのこは秋のみでなく周年発生し、しかも樹種をあまり選ばないので注意を要する。

大型で姿の立派なオオワライタケ（大笑茸）が、立ち枯れた木の根方や切り株に発生する。分類上はかなり離れたグループだが、中毒症状が似たワライタケ（笑茸）があり、本種の名は大笑いするではなく、大きいワライタケである。傘は丸山形で鮮黄色、表面には繊維状やささくれ状の鱗片がある。ヒダは黄色から褐色になる。柄は太く傘と同色で、中央に膜状のツバがある。肉は苦く、摩擦したり傷つけたりすると褐変する。その姿からいかにも食べられそうに見えるが、食べると興奮状態や幻覚を見るといった神経障害を起こす。

有機物の生産には菌根菌が、その分解には腐生菌がともにその役割を担い、森の生態系のリサイクルシステム（物質循環）を支えている。

切り株は賃貸マンション

ここを探そう▼▼
切り株

サルノコシカケ類のキノコにとって、枯れ木や切り株は賃貸マンションのような棲みかである。ひとつの切り株に何種類ものキノコが棲み、それが次々と胞子を飛ばして引越して行き、その後にはまた別の住人が移り棲む。それは、キノコの種によって好みの食べ物が異なるためのようで、それを食べ尽くすと次のキノコに棲みかを譲る。次々とキノコが入れ替わることにより、枯れ木や切り株の有機物は分解され、ついにはそのすべてが土に戻る。

比較的早期に入居してくるのがアラゲカワラタケ（粗毛瓦茸）だ。切り株もすぐに枯れてしまうわけではなく、なかには蘖《ひこばえ》を生じて再び成木に育つものもある。時には、そのような時期の切り株に出ていることもある。きのこは半円形で薄く、傘は灰色や黄褐色などで、環紋がある。子実層托《しじつそうたく》は管孔《かんこう》で、孔口が肉眼で確認できる程度の大きさの円形または角形、はじめ白いが次第に黒ずんでくる。きのこの形状は次のカワラタケに似るが、傘の表面をおおう鱗片がカワラタケは細い毛状の微毛《びもう》であるのに対し、アラゲカワラタケのそれは太い毛状の粗毛《そもう》であることから、名に粗毛《あらげ》がある。

ひとつの切り株に同居しているカイガラタケ（中央）とカワラタケ

比較的早期に入居する
アラゲカワラタケ

屋根瓦のように重なり合って
発生（重生）したカワラタケ

切り株をおおい尽くすように重生するヤケイロタケ。左＝幼菌の子実層托

傘の表面が短い粗毛におおわれるカイガラタケ。右＝ヒダ状の子実層托

ひとつの切り株にカワラタケとカイガラタケが仲良く同居しているのをよく見る。やや腐朽が進んだ切り株の住人になるのがこれらのキノコたちだ。カワラタケ（瓦茸）は薄い半円形で、傘の色は青色、灰色、褐色など変化に富み、それらの色の濃淡や色の違いによる環紋があり、何十枚もの傘が重生《じゅうせい》する姿はまさに屋根瓦である。孔口は肉眼では確認し難いほどに小さく、色は白い。カイガラタケ（貝殻茸）はカワラタケよりやや大型の貝殻形で、傘は灰白色、黄褐色、明褐色などで、環紋があり、表面は短い粗毛でおおわれている。子実層托は前二種が管孔なのに対し、サルノコシカケ類としては稀なヒダになっている。

カワラタケとカイガラタケが去った後に引っ越してくるのがヤケイロタケ（焼色茸）だ。かなり腐朽の進んだ切り株の住人になるキノコだが、切り株をおおうほどにきのこが重生する。傘は灰褐色や黄褐色で、環紋があり、表面を微毛がおおう。孔口は極めて小さく、はじめ類白色だが成熟すると黒くなり、名の焼色《やけいろ》はその色による。

住人はこの後も次々と入れ替わり、早いものでは五年もすると、マンションは取り壊されてしまう。なお、住人の入れ替わる種とその順番は、必ずしもここに展開したパターンに定まっているわけではなく、樹木の種や自然環境により、多様な種による多様な組み合わせと順番で分解が進行する。そこには、枯れ木や切り株の有機物のすべてを使い尽くす、キノコのコジェネレイションが展開している。

ウッドチップに現れた妙なやつ

ここを探そう▼▼
公園のウッドチップ❶

その年は妙な具合だった。きのこの夏休みといわれる八月になっても夏きのこが出続け、それが九月になると、夏きのこと秋きのこがいっしょに出るという、これまであまり経験したことのない発生状況になった。シーズン前半、マツタケが豊作であったことも後押ししたのか、いつしか、今年の秋はきのこが大豊作という予測が駆けめぐっていた。予想はいつも良いほうが歓迎されるもので、皆期待を込めて推移を見守っていた。ところが、物事はそうそううまくいくものではない。十月の声を聞いた途端、きのこの発生はぴたりと止まった。その日は、関東地方の雑木林では、きのこの特異日とさえいわれている十月十日。だが、訪れた町田市の公園で、目ぼしいきのこに出会うことはなかった。

こんな時、頼りになるのがウッドチップである。この公園の、以前からウッドチップが散布されている場所を思い出し、そこへと向かう。雑木林の一角、ウッドチップの舞台はまさに別世界であった。しかも、出ているきのこが妙なやつばかり。傘と柄のある見慣れた形と違い、初めて見るかたなら、これがきのこかと疑ってしまうような姿をしている。そしてそのすべてが鮮やかなオレンジや赤に彩《いろど》

ウッドチップ上に菌輪を描いて発生したカニノツメ。蟹の爪の形をした托枝には胞子を含んだグレバが付いている

ツマミタケ　角柱部分が托で、角錐状の先端が托枝。左＝幼菌と卵

赤色系のサンコタケ

サンコタケの名の由来となった三鈷《さんこ》

黄色系のサンコタケ　　基部が托、枝分かれしている部分が托枝、托枝の内側にはグレバが付いている

られていた。蟹の鋏《はさみ》が地面から突き出たようなカニノツメ（蟹爪）。密教の法具で金剛杵《こんごうしょ》の一種である三鈷《さんこ》にそっくりなサンコタケ（三鈷茸）。金剛杵に四鈷というのはないようだが、なかには四つに分かれているものもある。角柱で、その先端が指で摘んだように角錐形に尖るツマミタケ（摘茸）。それらが、散布されたウッドチップのそこここに、棲み分けるように群れをなして発生している。まだその姿を現していない白い卵形の幼菌も数多く見られるので、ここしばらくは楽しめそうだ。さっそく撮影にかかる。きのこの撮影は蚊との戦いであるが、その日は加えて、彼らの発する悪臭との戦いでもあった。

これらはすべてスッポンタケ類のきのこたちである。幼菌は卵《たまご》と呼ばれる類球形で、きのこの内部で胞子を作る腹菌《ふっきん》型である。中身をグレバといい、その中で胞子を作り、成熟すると粘液化する。裂開した卵から托《たく》と托枝《たくし》が伸張し、托枝に付いた粘液状のグレバが糞臭を発して虫を呼び、止まった虫に胞子を運んでもらうという、手の込んだ手法で胞子を散布する。托と托枝の肉質は泡状で脆《もろ》く、表面には皺があり、いずれも鮮やかなオレンジや赤色で、このひときわ目立つ派手な色は、においとともに、虫を呼ぶ戦略のひとつかもしれない。自然の環境では有機質の多い地に発生する腐生《ふせい》菌である。これ程に人の目を惹く姿形をしていても、そのほとんどが、発生するとその日のうちに萎《しお》れてしまうという、儚《はかな》い一面を持つきのこでもある。

それにしても妙な年だった。夏の暑いのはわずかな間で、やがて雨が降り出しそのまま秋になった、と思ったら残暑が十日ほど続いた。この天候異変がその原因だったのかもしれない。

ここを探そう▼▼
公園のウッドチップ❷

お待たせしました

ウッドチップに妙なやつらが出ていた折、まだ姿を現わしてはいなかったが、その卵がごろごろしているさらに妙なやつがいたのだ。それは他の三種よりはるかに大きな卵で、ナイフで割ってみると、すでにきのこの姿を整えていた。紛うことなきスッポンタケである。二〜三日すれば卵たちは全開と、再会を約してその日は引き上げた。天の恵みか、次の日は雨。一日おいた三日後、頃はよしと勇んで公園へ向かった。が、結果は惨めなものだった。ひとつとして姿を現してはいなかった。さらに三日おいて見に行ったがやはり空振り。今度は少し冒険だが一週間おいて出かけてみた。萎《しお》れてしまったものが二本あったが、残りは相変わらず卵のまま沈黙を守っている。思い切って二週間、今度はこちらが沈黙を守った。そして最後の挑戦を試みた。最初に彼らと出会った頃

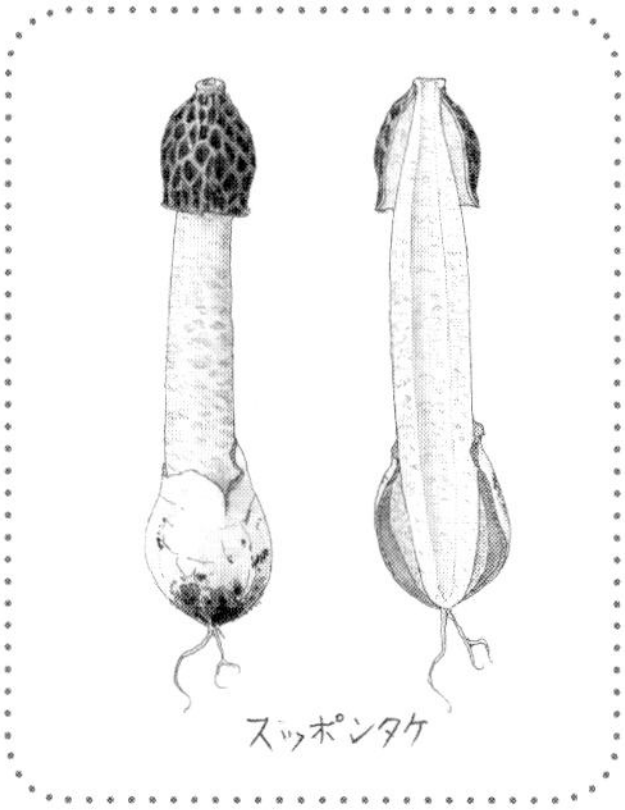

グレバが付着した円錐形の頭部、中空で肉質が泡状托、基部には卵の一部が残る

に比べずいぶんと寒くなっていたが、ウッドチップの舞台には、托をすっくと伸ばしたスッポンタケたちが乱舞していた。その日は十一月十日、彼らに初めて会ってから一ヶ月が過ぎていた。

スッポンタケもスッポンタケ類のキノコで、前三種とは属を異にするが、やはりグレバが糞臭を発し虫を呼ぶ。きのこの形状は托の上に円錐形の頭部を持つ点が前三種と異なっている。においはきついが、グレバが付着した頭部を外せば中華料理のよい食材となる。同じグループに、全体が赤色のキツネノタイマツ（狐松明）があり、このきのこもウッドチップに発生する。

スッポンタケの名は、甲羅から頭を出した鼈《スッポン》の姿に似ることによる

スッポンタケの仲間のキツネノタイマツ。松明《たいまつ》は赤い色から、狐《キツネ》は狐が使う、または本物ではないの意

秋のフィナーレを飾る

木枯らし一号が吹き抜ける頃、雑木林の林床は、色とりどりの落ち葉の絨毯《じゅうたん》で敷き詰められて行く。その落ち葉の中から姿を現すのがムラサキシメジ（紫占地）だ。鮮やかな紫色のきのこが列を成し晩秋の雑木林の林床を飾る。ムラサキシメジは落ち葉分解菌で、傘、ヒダ、柄すべてが紫色である。丸山形の傘と太い柄を持ち、ヒダは幅狭く密である。食用になり、熱を加えても色が変わらないので、銀杏といっしょに炊き込みご飯にすると、その彩《いろどり》とともに秋の味覚

ここを探そう▼
晩秋の雑木林の林床

上＝有毒のウスムラサキシメジ。全体が淡紫色で薬品臭がする
下＝ムラサキシメジの鮮やかな紫色が、落ち葉で敷き詰められた雑木林の林床を飾る

を堪能することができる。ただ、同じムラサキシメジ属に、形状がよく似たウスムラサキシメジ（淡紫占地）があり、消化器系の中毒を起こす。このきのこは紫色が薄く、薬品臭がすることで見分けることができる。

コナラやクヌギが多い雑木林の処々に杉や竹の一群があり、その樹下に溜まったそれらの落ち葉の中から、この時期発生するのがハイイロシメジ（灰色占地）だ。淡灰色の大型のきのこで、径10 cmを超える傘は丸山形から開いて漏斗形になる。数十本が落ち葉の上に並ぶ姿はまさに圧巻で、晩秋の森を飾るに相応しい。肉厚で食感も味も良いので食用としているかたもいるが、時に中毒することがあるので注意を要する。

秋のきのこのフィナーレを飾ったムラサキシメジとハイイロシメジが姿を消すと、晩秋の雑木林は秋のきのこに幕を下ろし、冬のきのこへとその準備を始める。

杉や竹の林の落ち葉の上に大型のきのこが並ぶハイイロシメジ

雪の朝《あした》に

ここを探そう▼▼
枯れ木、倒木、切り株

朝、居間のカーテンを開けると夜来の雪でベランダは白一色であった。電話が鳴って家内が出る。近所の奥さんからのようだ。朝っぱらから世間話かと、聴くともなしに耳に入る会話のなかに、「きのこ」という言葉が混じる。どうかしたかと訊くと、庭にきのこが生えたとのこと。綺麗なきのこなので名を知りたくて電話したという。朝食を済ませ出かけてみた。庭の姫林檎の切り株に見事なエノキタケが束生していた。傘の径がかなり大きいところから、以前から出ていたものが萎《しお》れ、それがこの雪で形が戻ったものと思われる。エノキタケだと告げると、市販のものとはまったく違うと信じない。匂いを嗅ぐように言うと、たしかにエノキタケのものだと少し信じる気になったようだ。持参した図鑑を開いて見せたところやっと納得した。栽培ものよりはるかに美味しいからと試食を勧めて帰ってきた。エノキタケ（榎茸）は、冬に街で見られる代表的なきのこで、公園や民家の庭、街路樹など、広葉樹の枯れ木や切り株に出る。その姿はナメコ（滑子）に似ているが、ナメコのヒダは褐色で、柄にも滑《ぬめ》りがあってツバもあり、おもに高地に出るのに対し、エノキタケのヒダは白く、柄には滑りがなく

雪の朝《あした》の公園で出
会ったエノキタケ

エノキタケによく似た野生のナメコ（おもに高地に発生し、柄に滑りとツバがある）

姫林檎の切り株に発生したエノキタケ

市販のエノキタケは瓶栽培するので傘が小さく柄が細長くなる

倒木に発生した灰色系のヒラタケ（上）と褐色系のヒラタケ（下）

雨に濡れ、滑りが出たセンボンクヌギタケ。名の千本《せんぼん》は多数が束生することにより、橡茸《くぬぎたけ》は近縁のクヌギタケに似ることによる

ツバもなく、平地で見られるなどの違いがある。今回のように、小さな株で発生したものが冬の乾燥した空気で萎《しお》れ、それが雨や雪で形が元に戻る。これを繰り返すうちに大きく育つことがある。市販のものは白系の品種を瓶栽培したもので、その形状は野生のものとはだいぶ違っている。次の朝電話で、味噌汁に入れて食べたらたいへん美味しかったという奥さんからの報告があった。

ヒラタケ（平茸）も冬に見られるきのこである。広葉樹の枯れた木や切り株などに、時には樹勢の衰えた生木上にも発生する。ヒラタケも栽培品が市販されているが、その形状は野生のものとあまり変わらないのでそれと分かる。市販のものは商品となる大きさで収穫するので見られないが、野生のものには傘の径が10cmを超えるものもある。傘の形は団扇《うちわ》や杓文字《しゃもじ》のようで、灰色系と褐色系がある。ヒダは幅広く密で、柄に長く垂生し、色は白い。柄は傘の端に付く偏心生。肉は厚く柔軟で味がよく、和風の煮物や中華風の旨煮など、広く食用にされている。

エノキタケやヒラタケは広葉樹に発生するが、同じ冬に見られるセンボンクヌギタケ（千本椽茸）は針葉樹の枯れ木や切り株の根方に束生《そくせい》する。傘の径は1～2cmと小さく、色は灰色で縁には条線があり、湿ったときには粘性がある。ヒダは疎で、柄に垂生《すいせい》する。柄は細長く基部が白い棉のような菌糸におおわれる。食用にはならないが冬に輝きを見せる可愛いきのこである。

きのこを探しに冬の山へ出かけるには勇気がいるが、近くの公園なら、ちょっと厚着をすれば雪の朝《あした》でも出かけられる。街では一年中キノコが楽しめる。

真実は裏に

ここを探そう▼▼
広葉樹の枯れ木、倒木、切り株

街路樹や公園の樹木の葉がすっかり落ち、木々の間を見通せるようになると、サルノコシカケ類のきのこを、樹上や切り株、倒木などに見つけやすくなる。冬に多く発生するわけではないが、多年生のものもあり、多くは一年以上樹上に留まるので、軟質のきのこに目を奪われとかく見過ごしがちなこれら硬いきのこを、この時期じっくり観察することができる。サルノコシカケ類のきのこは似ているものが多く見分けが難しいため、傘の表だけでなく裏面を、さらにその断面を見るのが観察の基本となっている。特に裏面にある胞子を作る子実層托《しじつそうたく》は、形状が多様で種を見分ける手がかりとなる。

広葉樹の落ち枝や倒木上に鱗《うろこ》のように並んで発生するチャウロコタケ（茶鱗茸）は、小型で薄い半円形または団扇《うちわ》形のきのこで、表面は灰白色の微毛部分と褐色の無毛部分が交互に並んで環紋をなす。子実層托のある裏面は凹凸のないまったくの平坦になっている。

広葉樹の切り株や倒木などに群生するウチワタケ（団扇茸）は、短い柄を持つ団扇形のきのこで、その表面には赤褐色や黄褐色、灰色など、色の違いによる環紋があり、全面が微毛におおわれ、触れる

チャウロコタケの表と裏
(右二つが裏で平坦)

◎樹木の葉が落ちて見通しがよくなった公園

エゴノキタケの表と裏
(裏の子実層托は迷路状)

チャカイガラタケの表と裏
(裏の子実層托はヒダ状)

団扇形のウチワタケの表と裏（裏をルーペで見ると孔口が並んでいることがわかる）

馬蹄形のウズラタケ（裏に孔口が整然と並んでいるのが肉眼でわかる）。鶉茸の名は形と色が鶉《ウズラ》の卵に似ることによる

重生したニクウスバタケ（裏の子実層托は歯が並んだような薄歯《うすば》状）

とビロード感触がある。裏面は、肉眼では平坦に見えるが、ルーペで見ると小さな孔口が並んでいる。

梅や桜の生木の樹上に発生するウズラタケ（鶉茸）は小さな馬蹄形《ばてい》で、白から次第に黄色みを帯び、表面には皺《しわ》や不明瞭な環紋がある。裏面は肉眼で確認できる大きさの孔口が整然と並び美しい。

斉墩果《エゴノキ》の立ち枯れた樹上や倒木に特異的に発生するエゴノキタケ（斉墩果茸）は表面に赤褐色、黄褐色、黒褐色などによる環紋があり、他の環紋のあるきのことよく似ているが、裏面を見ると、白く厚い畝《うね》が迷路状に連なり、その形で一見してエゴノキタケであることが分かる。

広葉樹の切り株や枯れ木の表面をおおうように重生《じゅうせい》するニクウスバタケ（肉薄歯茸）は、淡橙色の綺麗なきのこで、その表面には放射状の繊維紋と不鮮明な環紋がある。裏面は歯が並んだような薄歯《うすば》状とよばれる子実層托で、その形は管孔の壁が縦に裂けたものと考えられている。

桜の枯れ木や枯れ枝に重生するのがチャカイガラタケ（茶貝殻茸）で、薄い貝殻形のきのこの表面には赤褐色、紫褐色、灰褐色による狭い環紋と放射状の皺がある。裏面はヒダで、サルノコシカケ類のきのこではカイガラタケ（112頁参照）とともに、他にあまり例のない子実層托の形をしている。

若く見られることを自慢にしている友人とホテルのレストランで食事をしたことがあり、傍にいた年配のボーイさんに彼の歳を予想してもらったところ、ぴたりと当てられ友人をがっかりさせてしまった。何故分かったのかを訊ねると、「私はお客さまの後ろにおりましたので」というのが、彼の答えであった。

いつでもどこにでも

ここを探そう▼▼
広葉樹の生木、枯れ木、倒木、切り株

きのこはいつでもどこにでもとはいうものの、きのこに出会うにはそれなりの努力が必要である。かつては、公園を隈《くま》なく探してもきのこがまったく見つからないこともしばしばであったが、最近はどこの公園にいつ行っても出会えるきのこがあるので、まったく見つからないということはなくなった。その救世主的存在がキクラゲ類のきのこたちである。なかには、冬に多く発生する種もあり、冬のキノコ観察をより楽しいものにしてくれる。

キクラゲ類のなかで、最近出会うことが多くなったのが、八百屋やスーパーで栽培品が販売されているアラゲキクラゲ（粗毛木耳）だ。樹種を選ばず、おもに広葉樹の枯れ木や倒木、切り株など、時には生木に出ることもある。きのこは耳形や茶碗形で、胞子を作る内面を下にして発生する。暗褐色で側面を白い粗毛がおおう。肉は軟骨質で食感がコリコリしているので、中華風の炒め物などに使われる。

アラゲキクラゲにその形状がよく似ているキクラゲ（木耳）も栽培品が市販されているきのこで、広葉樹の枯れ木や倒木、切り株などに、季節によらず見られるが冬に多く発生する。かつては高地に行

道端の切り株に出たアラゲキクラゲがバスを見送っている

公園の枯れ木に群生したアラゲキクラゲ。粗毛でおおわれているため側面が白く見える

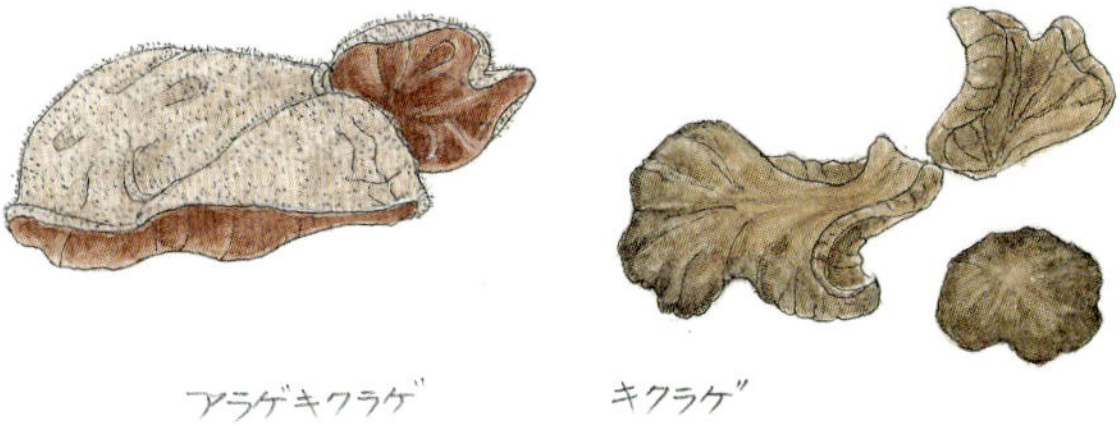

茶碗形や耳形の側面が、キクラゲは微毛でアラゲキクラゲは粗毛でおおわれる

倒木に発生したキクラゲ。
微毛でおおわれているため表面が微粉状に見える

肉質がゼラチン状のキクラゲの幼菌

ヒメキクラゲは小さな円盤状に発生し、互いに融合して膏薬状に広がる。
下＝乾燥して軟骨質になったヒメキクラゲ

落ち枝に発生したタマキクラゲ

かないと出会えなかったが、最近では身近でも見られるようになった。ただ、発生量はアラゲキクラゲよりは少ないようだ。明褐色で、外面を微毛がおおう。肉が柔らかく、食味は前種より優れている。

ヒメキクラゲ（姫木耳）は、冬に多く発生するキクラゲ類のきのこで、発生場所は前二種と同様だが、その形状はかなり異なっている。はじめ小さい円盤状に発生し、それが互いに融合して材の表面に広がる。灰色から青黒色となり、表面には不定形な皺《しわ》ができる。肉は軟らかいゼラチン質だが、乾燥すると軟骨質になる。ゼラチン質の食感がよく、シロップ煮はデザートの逸品となる。

タマキクラゲ（玉木耳）も冬によく見られるキクラゲ類のきのこで、広葉樹の落ち枝などに発生する。ヒメキクラゲと同様、小さな円盤状に発生するが互いに融合することはない。半透明の明褐色で、表面には皺や微小な疣《いぼ》がある。肉はゼラチン質で乾燥すると軟骨質になるが、他のキクラゲ類同様水で戻る。味も食感もよいのだが、きのこが小さいためかあまり利用されない。

アラゲキクラゲやキクラゲが身近で多く見られるようになった原因はいろいろいわれているが、なかに市販されているきのこの胞子が飛散し、街中に棲みついたというのもある。高地に棲むキクラゲが街に棲みかを変えたのは、平地でも栽培できるように改良されたものだとすれば合点がいく。また、アラゲキクラゲの発生量の増加には、都市の温暖化が考えられる。アラゲキクラゲは南方系のキノコで、気温の上昇は繁殖と生育に好都合であろう。身近なところに発生するキクラゲ類の増加には、キノコの融通無碍《ゆうずうむげ》な逞しい生命力を感じさせられる。

おめでたいきのこ

ここを探そう▼▼
広葉樹の生木、枯れ木の根方

門《かど》出《で》茸《たけ》（門出草《くさ》）、吉祥茸《きっしょうたけ》（吉祥草《くさ》）、幸茸《さいわいたけ》（幸菌《くさ》）、福草《さきくさ》、霊芝《れいし》など、いくつものおめでたい名前で呼ばれるきのこがある。なかで霊芝は、永くその形をとどめることから、霊の宿ったきのこということのようで、芝《し》は草《くさ》や菌《くさ》と同様きのこの古称である。標準和名はマンネンタケ（万年茸）で、これもいつまでも衰えることがないきのこということになる。さらに、古来より不老不死の妙薬といわれてきたことも、このきのこの名をさらにおめでたいものにしているようだ。

サルノコシカケ類のきのこには、傘だけのものが多く柄を持つものは少ない。そのなかで、万年茸には長い柄があり、広葉樹の根方や根際の地上から、先端が鮮黄色の棒状で発生し、やがてその先端に貝殻形の傘ができる。稀に柄が分岐し、それぞれに傘を生じることもある。傘は鮮黄色からニス状光沢のある赤褐色になる。孔口は小さく、類白色から黄色になる。柄は傘と同色で表面には凹凸がある。肉は硬い木質で永くきのこの形状を保つ。マンネンタケに形がよく似たマゴジャクシがあるが、こちらは針葉樹に発生し、きのこの色が紫黒色で、その名は孫杓子に形が似ることによる。このきのこの

生木の根方に発生したマンネンタケ

棒状に発生するマンネンタケの幼菌

根際の地上から発生したマンネンタケ。傘は貝殻形

発生を孫の生まれる前兆として慶ぶ地方もある。

三枝《さえぐさ》姓の家紋には三階松が多い。顕宗天皇の御世、朝廷に傘が三つあるきのこが生え、これを献上したところ天皇は大いに喜び、その者に三枝姓を賜ったという。サエグサはサキクサ（福草）の転訛《てんか》と考えられ、三階松の家紋は松ではなく三つに枝分かれした万年茸ということになる。

三階松の家紋

針葉樹から発生するマゴジャクシ

椿の木の下で

厳しい冬の寒さの中で見る山茶花や椿の花は、その艶《あで》やかな姿で心を和ませてくれる。山茶花と椿はよく似ているが、落花のしかたが異なっていて、山茶花は花弁が一枚ずつ離れて散るが椿は花ごと落ちる。誰の心も和ませると思っていたが、花ごと落ちる様から椿を忌み嫌うこともあるようだ。競馬関係のかたは、落花のしかたが落馬を連想させるからだという。武士は首が落ちる様を連想するので嫌ったというのもあるが、こちらは後の世に作られた流言のようである。

椿の花のそばに発生したツバキキンカクチャワンタケ

ここを探そう▼▼
椿の落花の中

椿の花が落ちてくるのを心待ちにしているキノコがいる。公園や寺社の境内、自宅の庭などの椿の花が落ち始めたら、木の下を丁寧に探してみる。なかなか見つからないが目が慣れてくると口径1cmほどのワイングラスの形をした黄褐色のきのこが見つかる。ツバキキンカクチャワンタケ（椿菌核茶碗茸）というチャワンタケ類のきのこだ。掘り出してみると、ワイングラスの足は根状に伸び、黒褐色の塊に連なっている。これは菌核《きんかく》という菌糸の塊で、そこからきのこを発生させる養分の貯蔵庫である。胞子はワイングラスの内面で作られそこから放出される。落ちた椿の花に到達した胞子は発芽して菌糸となり花を分解しながら伸長し、秋になると菌核を作って冬を待つ。椿の花が咲き、それが落ちてくる頃合いを見計らって菌核がきのこを発生させる。

椿の花を愛で、その下にキノコの花（きのこ）を探す頃は、間もなくやって来るアミガサタケのシーズンに思いを馳せる日々でもある。

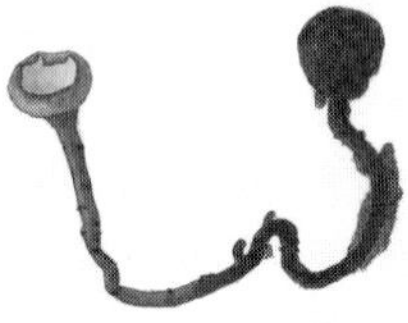

ワイングラスの内面が子のう盤で、柄は細く伸び菌核に連なる

群生したツバキキンカクチャワンタケ

散歩で出会った
キノコ入門

＊　＊　＊

「街のきのこ散歩」では、出会ったキノコの特徴や生きかたをその都度記してきたが、この「キノコ入門」では、それらのキノコがどんな生き物なのか、その特徴によりどのように分類されるのか、きのこをどのように観察するのかなど、キノコの基本についてまとめて解説する。

一、キノコはどんな生き物か

◎きのこは花

私たちが見る地上や樹上に発生するきのこは、植物の花に相当する生殖器官で、花で種子を作るのに対し、きのこでは胞子を作り、散布して繁殖をはかる。

◎胞子は生殖細胞

繁殖という点では植物の種子と同じ働きをするが、種子が卵と精子の受精によりできる胚であるのに対し、胞子は卵または精子に相当する生殖細胞である。

◎キノコの本体は菌糸

胞子が発芽すると菌糸《きんし》になる。菌糸はキノコの本体で、植物の根・茎・葉に相当し、生命活動のほとんどを担っている。したがって、キノコは本体である菌糸と花であるきのこ（子実体《しじったい》ともいう）で成り立つ生き物ということになる。本書では、子実体をひらがなの「きのこ」で、きのこと菌糸でできた個体をカタカナの「キノコ」で表示してある。

◎キノコの生きかた

キノコは自ら養分を作らず、それを他の生き物から摂取する。養分の摂取のしかたには、生き物の死骸や排泄物から摂取する腐生《ふせい》、生きた生き物から摂取する寄生《きせい》、菌糸が植物の根と菌根《きんこん》という連結部を作り物質交換をして摂取する共生《きょうせい》の三つの方法があり、それぞれの方法をその生きかたにしているキノコを、腐生菌、寄生菌、共生菌（菌根菌）とよぶ。

◎キノコは植物でも動物でもない

菌糸を本体とする生き物を菌類（菌界）といい、キノコはカビやコウボとともに菌類に属している。菌類は、その体制、生殖法、栄養法、進化の歴史のいずれにおいても植物、動物とは異なる生物群である。

◎きのこを作るのは子のう菌（門）と担子菌（門）

菌類（菌界）には多様な分類群が属しているが、きのこを作るのはおもに子《し》のう菌（門）と担子《たんし》菌（門）である。

◎子のう菌は子のうで胞子を作る

子のう菌のきのこの形は基本的には茶碗形だが、小さな茶碗が集合したアミガサタケや、茶碗が極端に小さくなったサナギタケなどの形もある。胞子が作られるところを子のう果といい、茶碗形のものを子のう盤、茶椀が極めて小さくなったものを子のう殻という。茶碗の内面に子のうという細胞ができ、胞子はその中で作られる。子のうで胞子ができるので子のう菌という。

◎担子菌は担子器で胞子を作る

担子菌のきのこは、基本的には傘と子実層托《しじつそうたく》と柄によって成り立っているが、なかには柄のないものや子実層托だけのものもある。子実層托は、多くが傘の裏面にあり、形はヒダや管孔、針などだが、子実層托がきのこの中にある腹菌型のものもある。子実層托の表面に担子器《たんしき》という細胞ができ、胞子はその細胞上に作られる。担子器で胞子ができるので担子菌という。

二、8分類群ときのこの観察

◎きのこのつくり

きのこは、胞子を作る部分（子のう果、子実層托）とそれを支持、保護する部分（傘、柄、殻皮など）により成り立つので、それらの位置や形状を観察する（図63頁）。

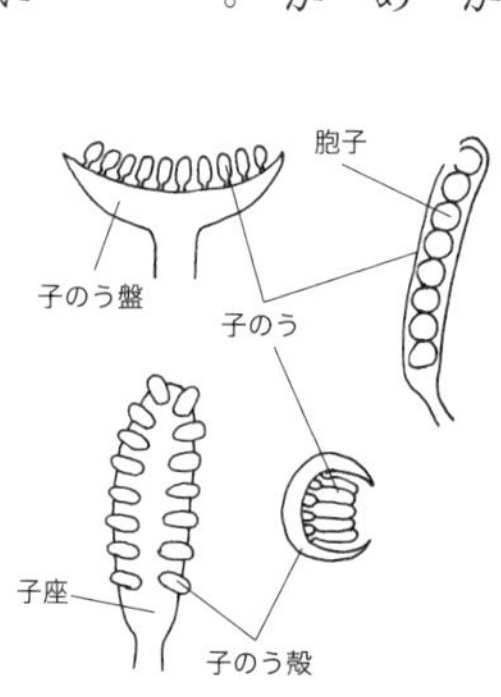

［子のう果と子のう］

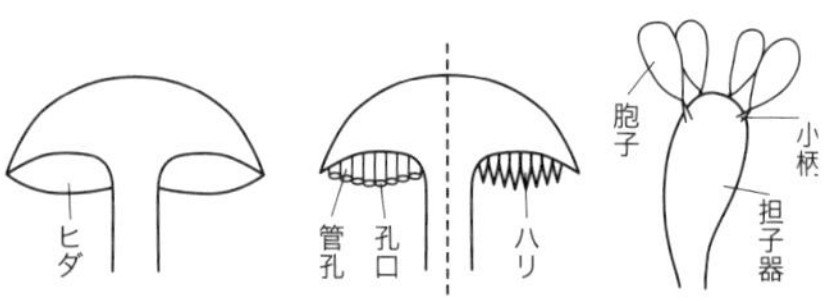

［子実層托と担子器］

◎8分類群

遺伝子解析による分子系統分類の進展に伴い、キノコの分類は今大きく変わろうとしている。その新分類体系では、きのこの形状が異なるものが同じ分類群に含まれるなど、きのこの形状をもとにした旧分類体系とはかなり異なったもので、肉眼観察が中心となるフィールドでは適用しにくい点が多々ある。本書では、きのこの形状をもとにした旧分類に、新分類の体系や分類群名を取り入れた8分類群を採用した。子のう菌、担子菌ともにカビ、酵母が含まれているので、8分類群では、きのこを作る子のう菌をチャワンタケ類、きのこを作る担子菌を以下の7分類群とした。

次に各分類群の特徴と観察のポイントを示す（［　］内は旧分類群名）。本書に登場するキノコがどれに該当するかは、後掲の「掲載種分類表」を参照されたい。

《子のう菌門》

チャワンタケ類［旧子のう菌亜門］

基本的には茶碗形（写真50・135・136頁）と茶碗の集合形（写真10・11・13・14・58・59頁）だが、一部に異なった形（写真15・16・58・59頁）のものもある。

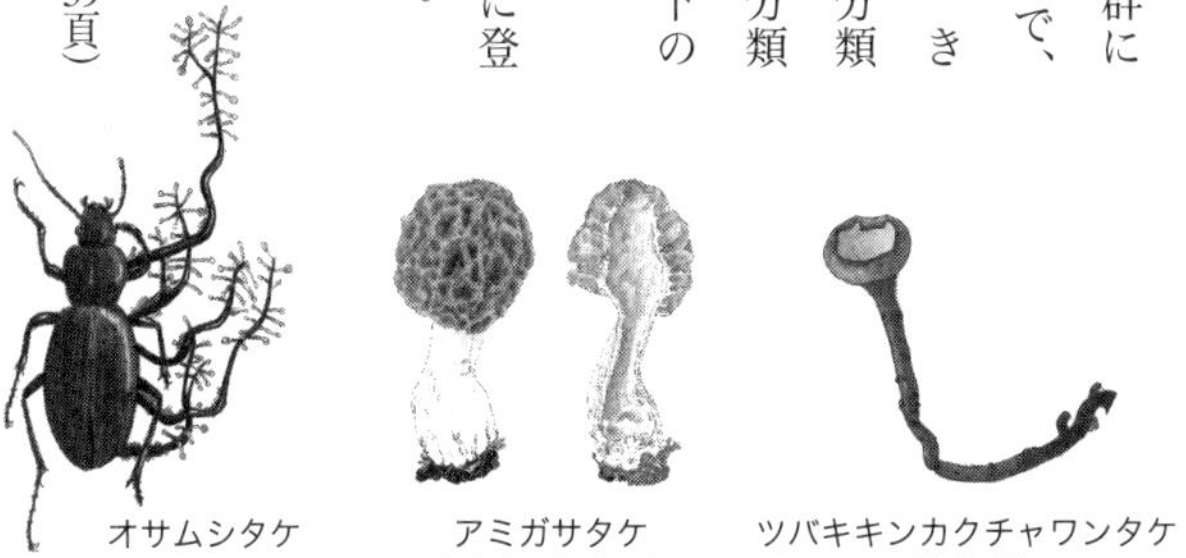

オサムシタケ（異形）　アミガサタケ（茶碗の集合形）　ツバキキンカクチャワンタケ（茶碗形）

チャワンタケ類

《担子菌門》

キクラゲ類　［旧異型担子菌綱］

きのこの形は茶碗形、円盤形、膏薬《こうやく》形など多様。子実層托は其物の反対側の面にあり、形状は平坦、粒状、皺、針など。肉はゼラチン質、にかわ質、軟骨質など。（写真130・131頁）

スッポンタケ類　［旧腹菌亜綱］

きのこの形は幼菌が類球形で、成熟すると頂部に孔が開く、表皮が剥離、裂開して托が伸長するなど。子実層托はきのこの内部にある腹菌型。肉は幼菌がはんぺん状で、成熟すると粉状や粘液状など。（写真41・42・75・94・114・115・118頁、図93・117頁）

サルノコシカケ類　［旧ヒダナシタケ目］

きのこの形には背着（子実層托のみが膏薬状に広がる）、半背着（背着の一部が反転して傘になる）、側着（傘が其物から直接出る）、有柄（傘と柄がある）があり、傘の形は、半円形、団扇形、馬蹄形などで、子実層托は、背着以外は傘の裏にあり、形は平坦、ヒダ、孔、針など。肉は硬質。（写真26・27・34・35・78・95・96・110・126・127・134頁）

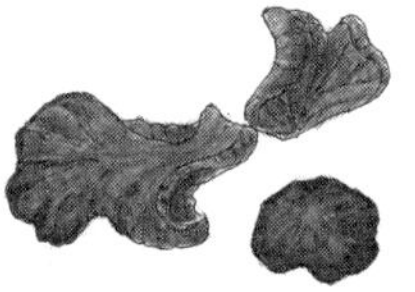

キクラゲ類
キクラゲ

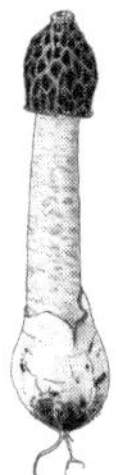

スッポンタケ類
スッポンタケ

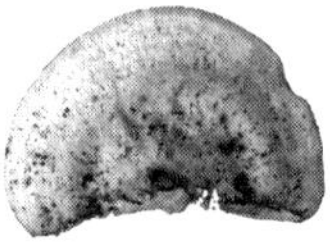

サルノコシカケ類
ウズラタケ

アンズタケ類
アンズタケ

アンズタケ類　〔旧ヒダナシタケ目〕

きのこの形は箒形、花びら形、傘と柄のある形など。子実層托はきのこの表面、傘の裏などで、形状は平坦、シワ、孔、針など。肉は軟質。（写真23・24・86頁、図85頁）

ベニタケ類　〔旧ベニタケ科〕

きのこには傘と子実層托と柄がある。子実層托はヒダで傘の裏にある。肉は脆く、柄が縦に裂けない。（写真66・67・74・81・82・86頁）

イグチ類　〔旧イグチ科・オニイグチ科〕

きのこには傘と子実層托と柄がある。子実層托は管孔で傘の裏にある。肉は軟質で、柄が縦に裂ける。（写真70・71・75頁）

ハラタケ類　〔旧ハラタケ目〕

きのこには傘と子実層托と柄がある。子実層托は傘の裏にあり、多くがヒダだが、一部管孔のものもある。肉は軟質で、柄が縦に裂ける。

◎ハラタケ類のきのこ観察

「街のきのこ散歩」で、最も多く出会ったハラタケ類のきのこの傘、子実層托、柄、においや味などの特徴と観察法を示す。

ベニタケ類
ルリハツタケ

イグチ類
チチアワタケ

ハラタケ類
ウラベニホテイシメジ

傘　傘には図のような形があり、そのいずれに相当するか、色や変色、表面状態、肉の色や質などを観察する。

ヒダ　ヒダには、柄から傘の縁までのもの以外に、図のような形の変化がある。また、ヒダどうしの間隔が狭い状態を密といい（写真30・39頁）、広いものを疎という（写真38・67頁）。ヒダの形、疎密、幅、色や変色、表面状態、肉質などを観察する。

柄　柄には図のような形があり、そのいずれに相当するか、色や変色、表面状態、肉の色や質、中実（内部の肉が詰まっている）、中空（内部の肉が空洞、図46頁）、ツバ・ツボ・イボの有無とその形状（図63頁）などを観察する。

においと味　におい（小麦粉臭、根菜臭、アニス臭、甲虫臭など）と味（辛み、苦み、甘み、旨みなど）を確認する。

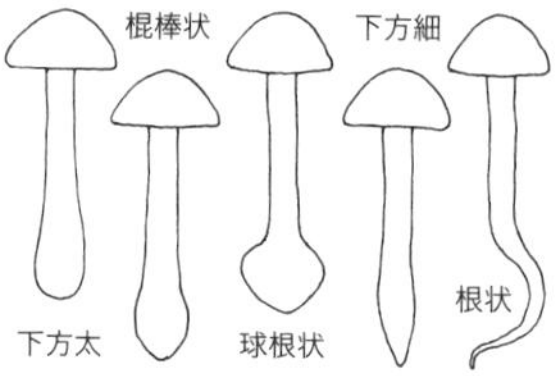

［ ハラタケ類の柄の形 ］

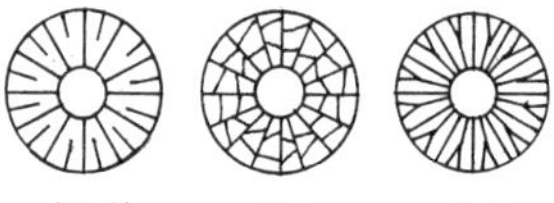

［ ハラタケ類のヒダの形 ］

［ ハラタケ類の傘の形 ］

エピローグ　散歩の後に

春のアミガサタケに始まり、夏のルリハツタケや秋のスッポンタケ、さらには冬のエノキタケと、数々の街のキノコとの出会いを通じ、自然がないといわれる街なかで、したたかにしかも逞しく生きるキノコのいることをお分かりいただけただろうか。日頃何気なく歩いている道端の植え込みや草地で、いつも散歩をする公園の樹木やその下で、近くの寺社の境内に溜まった落ち葉のなかに、彼らとの出会いを楽しんでいただきたい。身近なところでキノコを観察することには、きのこの成長過程や発生環境を詳しく知ること、季節ごとのきのこの種類を見られることなど、数々の利点がある。それら得られた情報を記録し、さらに撮ったり描いたりすれば、それは貴重な観察記録となる。本書はそのような記録の集積でもある。

キノコの楽しみは、多様なきのことの出会いにあるが、それをより楽しいものにするのが人との出会いである。街のキノコ観察には、街ならではの出会いと交流がある。シロ（代、城）とは、本来マツタケの棲みかをさすものだが、毎年同じきのこが発生する場所という意味もある。山に自分のシロを持つには、何年も同じ山に通わなければならず、多くの時間と労力を要する。したがって、滅多なことでは自分のシロを他人に知らせることはしない。ところが、それが近所の公園なら、足繁く通うことができ、見つかる確率も高い。さらに、公園では採取ができないので、公開してもシロが壊滅する恐れもない。それぞれが持つ公園のシロを公開しあうことで、観察会やアフターキノコなど、情報交換や楽しい集いの機会が飛躍的に増える。キノコについてあまりご存知ないかたを対象にした「キノコ入門講座」を二十年ほど続けているが、そこでは、セミナーや観察会などが実施される。なかで都内の観察会では、そんな公園のシロを皆さんと観察している。既刊の拙書だが、街のキノコを解説した『都会のキノコ』、街で出会えるキノコを紹介した『都会のキノコ図鑑』のいずれもが、そのような出会いと交流のなかから生まれたものである。街のキノコに興味をもたれた読者諸氏が参考にしていただければ幸いである。

本書の刊行についても、多くの皆様の協力をいただいた。特に左記（＊）の方々には数々の情報と画像の提供をお願いした。なかで、監修の長谷川明氏、きのこ画担当の岡田宗男氏には、過大な負担をおかけすることとなった。また、八坂書房の三宅郁子氏には、立案から構成、資料の収集に至るまで、多岐にわたるお力添えをいただいた。さらに、本書執筆には、多くの研究者の文献を参考にさせていただき、特に和名の謂《いわ》れや漢字表示については、左記（＊＊）文献から多くを引用させていただいた。これら多くの皆様に、末尾ながら深く感謝の意を表す次第である。

（＊）安達多久子、飯田俊夫、池田順子、岡田宗男、大舘くみ、木原正博、富田とみ子、野呂悦子、長谷川明、林由季子、福島隆一（敬称略・五十音順）

（＊＊）池田良幸『北陸のきのこ図鑑』橋本確文堂、奥沢康正・奥沢正紀『きのこの語源・方言事典』山と溪谷社、根田仁『きのこミュージアム』八坂書房、松川仁『方言を持つキノコ辞典』（未刊）

二〇一五年八月

著者　大舘一夫

※24・36・54頁に掲載した古書の図版の原本は、すべて国立国会図書館所蔵である。

[著者]
大舘一夫（おおだて・かずお）

1940 年 東京に生まれる
1968 年 ICU 大学院修士課程修了
元、都立高校教諭・私立大学講師
現在、キノコ入門講座代表、東京都公園協会「緑と水」の市民カレッジ・東京農業大学オープンカレッジ・目黒区駒場野自然クラブ・世田谷トラスト協会など、市民講座講師
日本菌学会・埼玉きのこ研究会（副会長）・菌類懇話会の会員
著書：
『都会のキノコ』八坂書房 2004 年（改訂版 2011 年）
『都会のキノコ図鑑』（監修・共著）八坂書房 2007 年

[監修]
長谷川 明（はせがわ・あきら） キノコ入門講座講師

[きのこ画]
岡田宗男（おかだ・むねお） キノコ入門講座講師

春夏秋冬 街のきのこ散歩

2015年 9月25日 初版第 1 刷発行

著　者　大　舘　一　夫
発行者　八　坂　立　人
印刷・製本　シナノ書籍印刷（株）

発行所　（株）八 坂 書 房
〒101-0064 東京都千代田区猿楽町1-4-11
TEL. 03-3293-7975 FAX. 03-3293-7977
URL http://www.yasakashobo.co.jp

ISBN 978-4-89694-194-4
落丁・乱丁はお取り替えいたします。

▶▶キノコ名索引

＊キノコの種と分類群を掲げた。太字は図・写真の掲載頁を示す

▶▶用語解説・索引

＊キノコに関する用語を解説し、関連する頁を示した

［ア行］

秋きのこ　秋に気温の下降とともに発生するきのこで、雑木林や松林に多く見られる　83
アフターキノコ　キノコ観察会の後に行う反省会で、多くの場合飲食を伴う　5, 14
イボ　傘に残った角錐形やパッチ状の外被膜の破片　62, 63, 64, 80, 84
薄歯状　うすばじょう　歯が並んだような子実層托の形で、その表面で胞子を作る　127, 128
団扇形　うちわがた　きのこの傘の形　34, 125, 127, 144
柄　え　傘と子実層托を支えるきのこの部位　5, 63, 140, 144
液化　えきか　ナヨタケ科のきのこのヒダが自らを溶解し液状になること　45, 46
円錐形　えんすいけい　きのこの傘や頭部の形　10, 14, 117, 144
円筒形　えんとうけい　きのこの傘の形　46, 144
落ち葉分解菌　おちばぶんかいきん　落ち葉枯れ草などを分解して養分を得る腐生菌　37, 40, 119

［カ行］

貝殻形　かいがらがた　二枚貝の貝殻に形が似るきのこの傘の形　134
外被膜　がいひまく　幼菌全体をおおう膜で、成熟後イボやツボとして傘や柄の基部に残る　61-64, 97, 99, 100
傘　かさ　裏面の胞子を作る子実層托を支持し保護しているきのこの部位　4, 63, 140, 144
管孔　かんこう　管状の子実層托で、その内面で胞子を作る　17, 34, 35, 69, 70, 72, 140
環紋　かんもん　色の違いや鱗片の密度差などによって傘の表面にできる同心円状の模様　65, 66, 109-112, 125-128
寄生菌　きせいきん　生きた生物に取り付き養分を摂取するキノコ　53, 57, 72, 139
絹糸状の光沢　きぬいとじょう―　傘の表面の絹糸のような光沢　20, 98, 100, 102
基本体［＝グレバ］　きほんたい　腹菌型のきのこの内部の胞子を作る組織で、成熟すると粉状や粘液状になる　114-116, 117, 118
球形細胞　きゅうけいさいぼう　ベニタケ科のきのこを構成する類球形の細胞で、そのためきのこが縦に裂けない　65
共生（菌）　きょうせい（きん）　異なる種がいっしょに生活することで、キノコでは菌根菌の生きかた　71, 72, 139
菌核　きんかく　菌糸の集合体で、養分を貯蔵し、きのこを発生させる　136
菌根　きんこん　菌糸が植物の根に作る物質交換のための連結部　71, 72, 139

菌根菌　きんこんきん　菌糸が植物の根に作った菌根を通して物質交換し、植物と共生するキノコ　53, 69, 72, 73, 74, 76, 139

菌糸　きんし　細胞が一列に繋がった構造で、生命活動のほとんどを担うキノコの本体　4, 25, 28, 138, 139

菌生菌　きんせいきん　きのこをホスト（宿主）とする寄生菌　36

菌友　きんゆう　キノコをともに楽しむ同好の友人　5

菌輪［＝フェアリーリング］　きんりん　多数のきのこが地上に輪を描いて発生すること　51, 52, 90, 92, 114

菌類　きんるい　菌糸を本体とする生物で、形態的にはキノコ、カビ、酵母などがある　4, 139

グレバ　→基本体

クローン　一細胞または一個体から無性的に増殖した細胞や生物体　28, 36

群生　ぐんせい　多数のきのこが互いに近接して発生すること　31, 43

広義　こうぎ　厳密には異なる種だが、形状の似たものを同じ名前で表すこと　81, 105

孔口　こうこう　管孔の開口部　69, 70, 72

コジェネレイション　エネルギーや物質を無駄なく使い切ること　112

根株腐朽菌　こんしゅふきゅうきん　菌糸が樹木の根付近に侵入し繁殖するキノコ　28

根状菌糸束　こんじょうきんしそく　菌糸が集合して紐状になり、たがいに保護する構造　47, 48

棍棒状　こんぼうじょう　下方に膨らむきのこの柄の形　144

［サ行］

散生　さんせい　複数のきのこが間隔をおいて発生すること　61

子実層托　しじつそうたく　多くはきのこの傘の裏面にあるヒダ、管孔、針などで、その表面で胞子を作るが、腹菌類ではきのこの内部にある　4, 64, 140

子実体　しじつたい　キノコの生殖器官であるきのこ　4, 138

子のう　しのう　子のう菌がその中に胞子を作る細胞　139, 140

子のう殻　しのうかく　冬虫夏草などのきのこの表面に埋生し、その内面に子のうができる　59, 60, 140

子のう盤　しのうばん　チャワンタケ類の茶碗形またはその集合体のきのこの窪みで、その内面に子のうができる　13, 49, 136, 140

重生　じゅうせい　多数のきのこが重なり合うように発生すること　27, 110, 111

樹幹腐朽菌　じゅかんふきゅうきん　菌糸が樹幹の破損部などから侵入し繁殖するキノコ　28

宿主［＝ホスト］　しゅくしゅ　寄生菌のキノコが寄生する相手　36, 59

条線　じょうせん　傘の周辺にある放射状の線または柄の表面にある縦の線　47, 63

シロ　毎年マツタケの発生する場所または毎年同じきのこが発生する場所　146
シワ　脈状や皺状の子実層托の形で、その表面で胞子を作る　85
垂生　すいせい　ヒダや管孔が柄に沿って垂れ下がるように付くこと　44, 55
繊維細胞　せんいさいぼう　ベニタケ科以外のきのこを構成する細長い細胞で、そのためきのこが縦に裂ける　65
繊維状（紋）　せんいじょう（もん）　毛状の鱗片による繊維模様　31, 103
疎　そ　ヒダの数が少なく互いの間隔が広い状態（管孔では孔口の径が大きく数が少ない）　22, 38, 39, 44
束生　そくせい　複数のきのこが基部を密着させて発生すること　18, 43
粗毛　そもう　表面の細胞が太い毛状に変形したもの　27, 109, 130

[タ行]

托　たく　スッポンタケ目のきのこの卵が裂開し、中から伸長する部分　114, 115, 117
托枝　たくし　卵から伸長する托の先が分岐したり変形した部分　114, 115
卵　たまご　スッポンタケ類のきのこの幼菌で、やがて裂開して托が伸長する　42, 114, 116, 118
担子器　たんしき　担子菌がその上に胞子を作る細胞　140
茶碗形　ちゃわんがた　オオチャワンタケやキクラゲのような椀形のきのこで、その内面で胞子を作る　49, 130
中空　ちゅうくう　柄の内部の肉が空洞になっていること　13, 17, 32, 46
中実　ちゅうじつ　柄の内部の肉が詰まっていること　32
ツバ　幼時子実層托をおおう内被膜が成熟とともに傘から外れ柄に垂下したもの　54, 55, 63, 64
ツボ　幼時きのこ全体ををおおう外被膜が成熟後柄の基部に袋状に残ったもの　51, 61, 63, 103
釣鐘形　つりがねがた　きのこの傘の形　22, 44, 144
冬虫夏草　とうちゅうかそう　虫をホスト（宿主）とするチャワンタケ類の寄生菌　57-60
同定　どうてい　既知の分類体系のいずれの分類群または種に相当するかを決めること　63, 64

[ナ行]

内被膜　ないひまく　幼菌の子実層托をおおう膜で、成熟後柄や傘の縁に垂下する　31, 63, 64
中高　なかだか　中央が突出している傘の形　22, 103
夏きのこ　夏に気温の上昇とともに発生するきのこで、照葉樹林に多く見られる　83
ナラタケ病　ナラタケ属のキノコの寄生により樹木が枯れる病気　53
軟骨質　なんこつしつ　軟骨のように硬いきのこや部位の肉質　94, 129, 131, 132

南方系　なんぽうけい　熱帯、亜熱帯に多く棲むキノコ　17, 132

[ハ行]

白系　はくけい　色素の無い突然変異種　96

パッチ状　イボの形が平らな継ぎはぎ状であること　80

馬蹄形　ばていけい　馬のひずめの状のきのこの形　127

破片状　はへんじょう　外被膜の材質が脆く、壊れると破片になって残る状態　62, 63, 64

半球形　はんきゅうけい　きのこの傘の形　144

ヒダ　　薄い刃物状の子実層托の形で、その表面で胞子を作る　17, 140, 144

微粉状　びふんじょう　鱗片が細かい粒状や微毛状で、表面が粉を被ったように見えること　66, 68, 131

微毛　びもう　表面の細胞が細い毛状に変形したもの　50, 109, 130, 131

病害菌　びょうがいきん　樹木や芝生などを枯らすキノコ　53, 91, 92

標準和名　ひょうじゅんわめい　慣習的に最も多く使われている和名　20, 88, 133

フェアリーリング　→菌輪

フェアリーリング病　キノコの菌糸が地中を乾燥させるため芝草が枯れる病気　92, 93

腐生菌　ふせいきん　生物の死骸や排泄物を分解して養分を得るキノコ　16, 29, 72, 77, 78, 87, 105, 108, 139

腹菌型　ふっきんがた　きのこの内部に子実層托があるので、きのこ内部で胞子を作る　75, 76, 93, 116, 140

物質循環［＝リサイクルシステム］ぶっしつじゅんかん　植物の生産、動物の消費、菌類の分解による物質の循環　37, 108

分岐　ぶんき　ヒダやシワが枝分かれしていること　85, 144

分子系統分類　ぶんしけいとうぶんるい　遺伝子解析により得られる進化の道筋に従った分類　48, 93, 141

糞臭　ふんしゅう　スッポンタケ類のきのこのグレバが虫を呼ぶために発するにおい　116, 118

分生子　ぶんせいし　きのこや菌糸の細胞が分離するなど無性的に作られる無性胞子　33-36, 58-60

分類群　ぶんるいぐん　形質や進化の過程などが共通する生物の集合で、界門綱目科属種の7階級がある　140, 141

平坦　へいたん　凹凸が無く平らな子実層托の形で、その表面で胞子を作る　125-127

ベニタケ型　ベニタケ類のきのこの形で、きのこが縦に裂けず、成菌では漏斗形になる　81

変幻自在　へんげんじざい　キノコの生き残り戦略　36, 60

偏心生　へんしんせい　柄が傘の端に付くこと　124

胞子　ほうし　キノコが作る生殖細胞で、発芽して本体である菌糸になる　4, 138-140

ホスト　→宿主

ポルチーニ　porcini　厳密にはヤマドリタケのイタリア語名だが、食味の似た近縁種を含む　69

［マ行］

膜質　まくしつ　外被膜や内被膜の材質で、壊れにくく、壊れても膜状に残る　61, 64
膜状　まくじょう　外被膜や内被膜の材質が膜質で、壊れても破片にならず膜のまま残る状態　63
丸山形　まるやまがた　きのこの傘の形　30, 71, 144
密　みつ　ヒダの数が多く間隔が狭い状態（管孔では孔口の径が小さく数が多い）　30, 39
耳形　みみがた　キクラゲなどの耳殻に似たきのこの形　130
無性生殖　むせいせいしょく　一細胞または一個体から新個体を発生する生殖　33
無性胞子　むせいほうし　きのこや菌糸の細胞が分離するなど、無性生殖で作られる胞子　33, 34, 60
迷路状　めいろじょう　畝が迷路のように連なる子実層托の形で、その表面で胞子を作る　35, 126
擬　もどき　偽者や似ているもの　19, 84
森の免疫作用　―めんえきさよう　森に生じた異物を処理し、森の恒常性を維持する作用で、キノコでは寄生菌が行う　56, 60

［ヤ行］

有性生殖　ゆうせいせいしょく　二つの生殖細胞の接合により新個体が発生する生殖　28, 33, 36
有性胞子　ゆうせいほうし　子実層托や子のう盤で、有性生殖により作られる胞子　33-36, 60
好いお天気で　きのこの発生に必要な雨の日に菌友どうしが交わす挨拶　61
幼菌　ようきん　発生して間がないきのこ　16, 62

［ラ行］

リサイクルシステム　→物質循環
粒点　りゅうてん　傘や柄の表面にある粒状の鱗片　10, 54, 75, 83
鱗片　りんぺん　きのこの傘や柄の表面細胞が鱗状、粒状、毛状、ささくれ状などに変形したもの　31, 50, 54
類球形　るいきゅうけい　球に近いきのこの形　75
レースのマント　キヌガサタケの傘と柄の間から広がるレース状の膜で、その役割は不明　41
連絡　れんらく　ヒダやシワが横方向につながっていること　85, 144
漏斗形　ろうとがた　きのこの傘の形　66, 67, 144

［ワ行］

綿毛状のツバ　わたげじょう―　内被膜の材質が綿のように柔らかく消失しやすいツバ　55

▶▶掲載種分類表

＊本書掲載のキノコを 141 頁で解説した 8 分類群
によって分類し、科・属・和名・学名を示した

[チャワンタケ類]

マユハキタケ科
　マユハキタケ属　マユハキタケ　*Tricocoma paradoxa*
キンカクキン科
　ニセキンカクキン属　ツバキキンカクチャワンタケ　*Ciborinia camelliae*
アミガサタケ科
　アミガサタケ属　アミガサタケ　*Morchella esculenta*
　　アシブトアミガサタケ　*Morchella crassipes*
　　トガリアミガサタケ　*Morchella conica*
　　オオトガリアミガサタケ　*Morchella elata*
チャワンタケ科
　チャワンタケ属　オオチャワンタケ　*Peziza vesiculosa*
サナギタケ科
　サナギタケ属　サナギタケ　*Cordyceps militaris*
トウチュウカソウ科
　トウチュウカソウ属　セミタケ　*Ophiocordyceps sobolifera*
　Tilachlidiopsis（属）　オサムシタケ　*Tilachlidiopsis nigra*
科未確定
　ノムラエア属　クモタケ　*Nomuraea atypicola*

[キクラゲ類]

キクラゲ科
　キクラゲ属　キクラゲ　*Auricularia auricula-judae*
　　アラゲキクラゲ　*Auricularia polytricha*
ヒメキクラゲ科
　ヒメキクラゲ属　タマキクラゲ　*Exidia uvapassa*
　　ヒメキクラゲ　*Exidia glandulosa*

[スッポンタケ類]

ハラタケ科
　シバフダンゴタケ属　シバフダンゴタケ　*Bovista plumbea*
ショウロ科
　ショウロ属　ショウロ　*Rhizopogon roseolus*
スッポンタケ科

サンコタケ属	サンコタケ *Pseudocolus fusiformis*
ツマミタケ属	ツマミタケ *Lysurus mokusin*
アカカゴタケ属	カニノツメ *Clathrus bicolumnatus*
スッポンタケ属	スッポンタケ *Phallus impudicus*
	キツネノタイマツ *Phallus rugulosus*
キヌガサタケ属	キヌガサタケ *Dictyophora indusiata*

[サルノコシカケ類]

シワタケ科	
ヤケイロタケ属	ヤケイロタケ *Bjerkandera adusta*
キウロコタケ科	
キウロコタケ属	チャウロコタケ *Stereum ostrea*
タマチョレイタケ科	
ウチワタケ属	ウチワタケ *Microporus affinis*
ヒトクチタケ属	ヒトクチタケ *Cryptoporus volvatus*
シロアミタケ属	カワラタケ *Trametes versicolor*
	アラゲカワラタケ *Trametes hirsutus*
カイガラタケ属	カイガラタケ *Lenzites betulinus*
チャミダレアミタケ属	チャカイガラタケ *Daedaleopsis tricolor*
	エゴノキタケ *Daedaleopsis styracina*
ウスキアナタケ属	ベッコウタケ *Perenniporia fraxinea*
	ウズラタケ *Perenniporia ochroleuca*
トンビマイタケ科	
ニクウチワタケ属	ニクウチワタケ *Abortiporus biennis*
マイタケ属	マイタケ *Grifola frondosa*
ツガサルノコシカケ科	
アイカワタケ属	アイカワタケ（ヒラフスベ） *Laetiporus versisporus*
科未確定	
ミダレアミタケ属	ニクウスバタケ *Cerrena consors*
マンネンタケ科	
マンネンタケ属	マンネンタケ *Ganoderma lucidum*
	マゴジャクシ *Ganoderma neojaponicum*
	オオミノコフキタケ *Ganoderma australe*
タバコウロコタケ科	
カワウソタケ属	カワウソタケ *Inonotus mikadoi*

[アンズタケ類]

アンズタケ科	
アンズタケ属	アンズタケ *Cantharellus cibarius*

カンゾウタケ科

カンゾウタケ属　カンゾウタケ *Fistulina hepatica*

[ベニタケ類]

ベニタケ科

ベニタケ属　アイバシロハツ *Russula chloroides*

クロハツ *Russula nigricans*

ニセクロハツ *Russula subnigricans*

ヒビワレシロハツ *Russula alboareolata*

ドクベニタケ *Russula* sp.

チチタケ属　チチタケ *Lactarius volemus*

ハツタケ *Lactarius lividatus*

ルリハツタケ *Lactarius subindigo*

[イグチ類]

ヌメリイグチ科

ヌメリイグチ属　チチアワタケ *Suillus granulatus*

イグチ科

イグチ属　ヤマドリタケ *Boletus edulis*

ヤマドリタケモドキ *Boletus reticulatus*

ムラサキヤマドリタケ *Boletus violaceofuscus*

ニガイグチ属　ホオベニシロアシイグチ *Tylopilus valens*

ヤマイグチ属　アカヤマドリ *Leccinum extremiorientale*

[ハラタケ類]

ヒラタケ科

ヒラタケ属　ヒラタケ *Pleurotus ostreatus*

キカイガラタケ科

マツオウジ属　マツオウジ *Neolentinus lepideus*

ヌメリガサ科

ヌメリガサ属　ヒメノカサ *Hygrophorus carnescens*

アカヤマタケ属　オオヒメノカサ *Hygrocybe ovina*

シメジ科

シメジ属　ハタケシメジ *Lyophyllum decastes*

ヤグラタケ属　ヤグラタケ *Asterophora lycoperdoides*

ツキヨタケ属　ツキヨタケ *Omphalotus japonicas*

キシメジ科

ハイイロシメジ属　ハイイロシメジ *Clitocybe nebularis*

ムラサキシメジ属　ムラサキシメジ *Lepista nuda*

(11)　掲載種分類表

	ウスムラサキシメジ　*Lepista graveolens*
	コムラサキシメジ　*Lepista sordida*
キシメジ属	カキシメジ　*Tricholoma ustale*
タマバリタケ科	
ナラタケ属	ナラタケ　*Armillaria mellea*
	ヤワナラタケ（ワタゲナラタケ）　*Armillaria gallica*
	ナラタケモドキ　*Armillaria tabescens*
ビロードツエタケ属	ツエタケ　*Xerula* sp.
エノキタケ属	エノキタケ　*Flammulina velutipes*
ツキヨタケ科	
モリノカレバタケ属	モリノカレバタケ　*Gymnopus dryophilus*
アカアザタケ属	エセオリミキ　*Rhodocollybia butyracea*
ホウライタケ科	
ホウライタケ属	オオホウライタケ　*Marasmius maximus*
	シバフタケ　*Marasmius oreades*
	ハナオチバタケ　*Marasmius pulcherripes*
クヌギタケ科	
クヌギタケ属	センボンクヌギタケ　*Mycena laevigata*
	アミヒカリタケ　*Mycena manipularis*
テングタケ科	
テングタケ属	ウスキテングタケ　*Amanita orientigemmata*
	テングタケ　*Amanita pantherina*
	イボテングタケ　*Amanita ibotengutake*
	テングタケダマシ　*Amanita sychnopyramis*
	ツルタケ　*Amanita vaginata*
	オオツルタケ　*Amanita punctata*
	タマゴタケ　*Amanita hemibapha*
	シロタマゴテングタケ　*Amanita verna*
	ドクツルタケ　*Amanita virosa*
	タマゴテングタケ　*Amanita phalloides*
	ガンタケ　*Amanita rubescens*
ウラベニガサ科	
オオフクロタケ属	シロフクロタケ　*Volvopluteus gloiocephalus*
ハラタケ科	
オオシロカラカサタケ属	オオシロカラカサタケ　*Chlorophyllum molybdites*
シロカラカサタケ属	アカキツネガサ　*Leucoagaricus rubrotinctus*
	ツブカラカサタケ　*Leucoagaricus americanus*
ハラタケ属	ハラタケ　*Agaricus campestris*
	ツクリタケ　*Agaricus bisporus*
ササクレヒトヨタケ属	ササクレヒトヨタケ　*Coprinus comatus*

ナヨタケ科		
	ヒメヒトヨタケ属	ヒトヨタケ *Coprinopsis atramentaria*
		ザラエノヒトヨタケ *Coprinopsis lagopus*
		ホソネヒトヨタケ *Coprinopsis strossmayeri*
	ナヨタケ属	イタチタケ *Psathyrella candolleana*
	ムジナタケ属	ムジナタケ *Lacrymaria lacrymabunda*
	ワライタケ属	ワライタケ *Panaeolus papilionaceus*
オキナタケ科		
	コガサタケ属	キコガサタケ *Conocybe albipes*
	オキナタケ属	シワナシキオキナタケ *Bolbitius titubans*
モエギタケ科		
	ニガクリタケ属	クリタケ *Hypholoma lateritium*
		ニガクリタケ *Hypholoma fasciculare*
	スギタケ属	ナメコ *Pholiota microspora*
		キイロツチスギタケ *Pholiota terrestris* ssp.
アセタケ科		
	アセタケ属	カブラアセタケ *Inocybe asterospora*
フウセンタケ科		
	フウセンタケ属	ウメウスフジフウセンタケ *Cortinarius prunicola*
科未確定		
	チャツムタケ属	オオワライタケ *Gymnopilus junonius*
イッポンシメジ科		
	イッポンシメジ属	ウラベニホテイシメジ *Entoloma sarcopum*
		クサウラベニタケ *Entoloma rhodopolium*
		ウメハルシメジ（シメジモドキ） *Entoloma sepium*
		ケヤキハルシメジ *Entoloma* sp.